别莱利曼
趣味科学
作品全集

| 行星际的旅行 |

［俄］别莱利曼（Я.И.ПЕРЕЛЬМАН）／著

符其珣／译

中国青年出版社

（京）新登字083号

图书在版编目（CIP）数据

行星际的旅行 / （俄罗斯）别莱利曼著；符其珣译.
— 北京：中国青年出版社，2016.5
（别莱利曼趣味科学作品全集）
ISBN 978-7-5153-4185-9

Ⅰ. ①行… Ⅱ. ①别… ②符… Ⅲ. ①宇宙—青少年
读物 Ⅳ. ①P159-49

中国版本图书馆CIP数据核字（2016）第109054号

责任编辑：彭　岩
*
中国青年出版社出版　发行
社址：北京东四12条21号　邮政编码：100708
网址：www.cyp.com.cn
编辑部电话：（010）57350407　门市部电话：（010）57350370
三河市君旺印务有限公司印刷　新华书店经销
*
660×970　1/16　11印张　4插页　150千字
2016年5月北京第1版　2022年1月河北第4次印刷
定价：20.00元
本书如有印装质量问题，请凭购书发票与质检部联系调换
联系电话：（010）57350337

  雅科夫·伊西达洛维奇·别莱利曼〔Я. И. Перельман，1882～1942）是一个不能用"学者"本意来诠释的学者。别莱利曼既没有过科学发现，也没有什么称号，但是他把自己的一生都献给了科学；他从来不认为自己是一个作家，但是他的作品的印刷量足以让任何一个成功的作家艳羡不已。

  别莱利曼诞生于俄国格罗德诺省别洛斯托克市。他17岁开始在报刊上发表作品，1909年毕业于圣彼得堡林学院，之后便全力从事教学与科学写作。1913～1916年完成《趣味物理学》，这为他后来创作的一系列趣味科学读物奠定了基础。1919～1923年，他创办了苏联第一份科普杂志《在大自然的工坊里》，并任主编。1925～1932年，他担任时代出版社理事，组织出版大量趣味科普图书。1935年，别莱利曼创办并运营列宁格勒（圣彼得堡）"趣味科学之家"博物馆，开展了广泛的少年科学活动。在苏联卫国战争期间，别莱利曼仍然坚持为苏联军人举办军事科普讲座，但这也是他几十年科普生涯的最后奉献。在德国法西斯侵略军围困列宁格勒期间，这位对世界科普事业做出非凡贡献的趣味科学大师不幸于1942年3月16日辞世。

别莱利曼一生写了105本书，大部分是趣味科学读物。他的作品中很多部已经再版几十次，被翻译成多国语言，至今依然在全球范围再版发行，深受全世界读者的喜爱。

凡是读过别莱利曼的趣味科学读物的人，无不为他作品的优美、流畅、充实和趣味化而倾倒。他将文学语言与科学语言完美结合，将生活实际与科学理论巧妙联系：把一个问题、一个原理叙述得简洁生动而又十分准确、妙趣横生——使人忘记了自己是在读书、学习，而倒像是在听什么新奇的故事。

1959年苏联发射的无人月球探测器"月球3号"传回了人类历史上第一张月球背面照片，人们将照片中的一个月球环形山命名为"别莱利曼"环形山，以纪念这位卓越的科普大师。

目　录

Chapter

1

第一章

人类最伟大的幻想

牛顿铺设的道路

减轻了痛苦的重负；

从那时候起已经有了不少的发现，

看来我们总有一天，

会在蒸汽帮助下开辟出到月球的道路。

拜伦（《唐璜》，1823年）

到别的行星上去旅行，在星际空间遨游，在不久以前还只是一个令人神往的幻想。当时谈论这个问题，就跟几个世纪以前、在达·芬奇的时代谈论航空一样。可是在今天，宇宙旅行的思想毫无疑问将会在不久以后实现，就像航空已经从美丽的幻想变成日常生活中的现实一样。星际飞船将穿云过雾，冲入宇宙深处，把一向被地球俘虏的人送到月球，送到各个行星——送到人类仿佛永世不可能到达的另外世界，这样的日子很快就会到临了。

二三百年以前，航空还只是一个虚玄的幻想，那时候，把星际飞行看成是跟大气中飞行有密切关系的问题。

可是，我们现在已经往空中旅行了，我们在高山和荒漠的上空飞行，飞过大陆和海洋，到过极地，飞绕了整个地球———一句话，在航空这方面已经达到了神话般的成就，可是在飞向宇宙空间的道路上，我们却还只跨出小小的一步。

事情是这样：在空气中飞行跟在真空中飞行，这是两个完全不相同的问题。从力学的观点看，飞机能够行动，是跟轮船或火车一样的——机车的轮子把钢轨推开，轮船的螺旋推进器把水推开，飞机的螺旋桨把空气推开。可是在大气层外面的广阔宇宙空间里，却没有任何可以用来支持飞行器的介质。

这就是说，要想实现星际飞行，必须找寻另一种飞行方法；技术界必须造出一种装置，不需要四周有什么支点就能在没有空气的空间中行进和操纵。

在大气层外面的飞行跟空气中的航行是没有任何相同之处的，要解决这个问题，技术界必须找寻完全不同的另一条道路。

2

Chapter

第二章

万有引力和地球引力

在开始找寻以前，让我们先研究一下把我们困在地球上的那条无形的锁链——万有引力的作用。因为未来的宇宙航行家主要就是要跟它打交道。

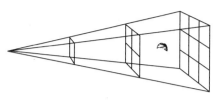

图1　万有引力和距离的关系：距离加大到2倍，引力减小到$\frac{1}{2\times2}=\frac{1}{4}$；距离加大到3倍，引力减小到$\frac{1}{3\times3}=\frac{1}{9}$；其余依此类推；也就是"引力和距离的平方成反比"

让我们从一种很普遍的谬论谈起。我们时常听说地球引力有一个"球形"的作用极限，物体如果跑到了这个极限以外，就不再受到地球引力的作用了。这是一种错误的认识，必须纠正。地球引力根本没有什么"球形"的极限。地球引力（一切物体的引力也一样）是无限地扩展的；它只是随着距离的增大而减弱，但是在任何时候、任何地方都不会完全消失。假定我们从地球向月球飞去，并且已经进入了我们这颗卫星（月球）的引力范围，这时候我们决不能认为地球引力从某一个地方起已经不再作用，而让位给月球引力了；不是的，月球上两个引力都存在，不过月球引力占压倒优势，因此只有月球引力的作用可以明显地觉察到罢了。

实际上，在月面附近，地球引力也在起作用。就拿地球上的情况来说，除了地球引力以外，还有月球引力和太阳引力——每昼夜两次的潮汐默默地但却令人信服地证实了这一点。

互相吸引的力量，不单天体之间有——这是一切物质的基本性质之一。甚至最小的物质微粒，不管它是在什么地方，不管它的本性怎样，也都具有这种性质。这种性质在大大小小的物体身上随时随地都在起作用。"苹果从树上掉下来、桥梁塌落下去、土壤粘结到一起、潮汐现象、分点岁差、行星的轨道和它的摄动、大气的存在、太阳的热、天体引力的整个领域，就连我们的房屋、家具的形状，日常生活的各种条件，甚至我们的存在，全都是由物质的这种基本性质决定的，"这是英国物理学家劳治教授对万有引力的作用的形象的描述。随便什么物质，它的每两个微粒之间都是互相吸引的——在任何时候，在任何条件下，它们之间的引力是不会停止作用的：引力随距离增加而减弱，但是不管时间怎样长久，引力却一

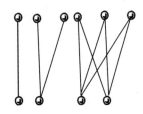

图2 万有引力和质量的关系：1.单位质量吸引1单位质量的力是1单位；2单位质量吸引1单位质量的力是2单位；3单位质量吸引2单位质量的力是3×2也就是6单位；依此类推

点也不会减小。

物体间互相吸引的力量究竟有多大呢？它可能是不可想象地微小，也可能是骇人听闻地巨大——要看互相吸引的物体的质量大小和距离远近来决定。

例如，有两个各重100克的苹果，它们之间（两个苹果的中心之间）的距离是10厘米，互相吸引的力量很小，只有 $\dfrac{1}{150,000}$ 毫克。这相当于一粒沙子重量的十五万分之一。显然，这一点力量连一根丝都拉不直，当然不可能使两个苹果移近分毫。

两个成年人如果相距一米，互相吸引的力量是 $\dfrac{1}{40}$ 毫克[1]。这个力量极小，在日常生活里是无法觉察的。它甚至不足以扯断一根蜘蛛丝；而我们知道，要一个人移动一下，必须克服鞋底跟地面的摩擦力；对一个体重65公斤的人来说，这个摩擦力大约有20公斤，也就是等于刚才谈到的两个人之间互相吸引的力量的五万万倍。我们在日常生活里，觉察不到地球上的物体在互相吸引，这还有什么奇怪的？

但是，如果没有摩擦力的作用，如果两个人毫无支持地悬在真空里，没有任何东西妨碍他们的互相吸引，那么，不管这两个人愿意不愿意，他们必然要在万有引力的作用下往一起靠近，虽然由于作用力很渺小，他们靠近的速度也是很微小的。

如果增加互相吸引的物体的质量，引力就会显著加大。牛顿的万有引力定律告诉我们，物体间互相吸引的力跟它们的质量的乘积成正比，而跟它们间的距离的平方成反比。可以计算出，两艘各重25,000吨的战舰，彼此相距一公里航行时，互相吸引的力量是4克（参看附录1）。这等于前面谈到的两个人之间的引力的十多万倍，可是，还远不够用来克服水的阻力，使两艘军舰靠近。其实，就是没有任何阻力，它们在这样小的力量的作用下，在一个小时以内也只能接近2厘米罢了。

---

[1] 参看附录1。

就拿整条山脉来说，它们的引力也要经过最精密的测量才能觉察到。例如，在乌拉基高加索地方的悬锤，由于附近高加索山的引力作用，偏离竖直位置的角度一共只有37′。

可是对于像太阳和各个行星这样巨大的质量来说，即使距离很远，互相吸引的力量也达到了难以想象的地步。

我们的地球虽然离开太阳非常远，可是使地球维系在自己的运行轨道上的，正是这两个天体间的强大的引力。假如这个互相吸引的力忽然停止作用，工程师们就得设计一条锁链来代替这条无形的锁链，换句话说，就是要用钢索把地球系住在太阳上。当然，大家都见过起重用的、由钢丝绞成的钢索。这种钢索每一根能够承受16吨以上的重量。你可知道，要使我们的地球不至于离开太阳远去，也就是说，要代替地球和太阳间互相吸引的力量，需要用多少根这种钢索吗？这将是一个带15个"零"的数。当然，这样一个数是很难具体想象的，为了使你对这个引力的巨大有比较明确的印象，我可以告诉你，那时候地球面向太阳的整个面积上，每平方米就要有70根钢索，也就是说，这块面积上将像无法通行的森林一般布满了这种钢索……

看，太阳吸引行星的这种无形的力量有多么巨大！

可是，要实现行星际飞行，根本用不到把各个世界的这种联系切断，用不着使各个天体脱离它们自古以来的轨道。未来的宇宙航行家只要跟行星和太阳对微小物体的引力作用打交道，首先是跟地球表面附近的重力强度打交道就行了，因为正是这个力量把我们绊留在地

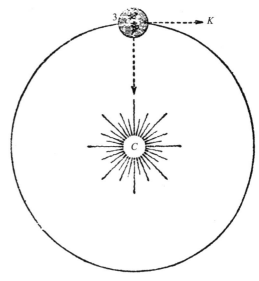

图3　太阳引力对地球的作用：按照惯性定律，地球本该沿切线3K方向前进，但是太阳引力迫使它不走切线方向，而沿曲线方向前进

太阳
水星
金星
地球
火星
小行星

→ 木星

→ 土星

→ 天王星

→ 海王星

→ 冥王星

图4　行星和太阳的距离

球上的。

　　这里，我们对地球引力感到兴趣，并不是因为它使地球上每一个放着或悬着的物体向支点施压力。对我们来说，更重要的是一切物体如果没有支持点，重力就会使它产生"向下"、向地心方向的运动。出乎意料的是，这个运动在真空中的速度对于一切物体（轻的和重的）都完全一样，在开始落下的第一秒钟末总是每秒10米[①]。在第二秒钟末，是在既有的每秒10米的速度上增加每秒10米，也就是速度增加了一倍。速度就这样随时间增加下去，直到落到地面为止。也就是说，落下的速度每秒钟都增加同样的数量——10米。因此，在第三秒钟末，速度就是每秒30米，第四秒末是40米，依此类推。如果物体是从下往上抛，那么它的上升速度就恰恰相反，后一秒钟要比前一秒钟减少10米，也就是它在抛出去后第一秒钟末要比抛出去时的初速度减少10米；在第二秒钟末又减少10米，就是一共减少20米，依此类推，直到抛出时的初速度完全抵消而物体开始落下为止。（这情形只适用于抛上去的物体离开地球表面不太远的情况；如果离开地面很远，重力作用就会相应减弱，那时候速度就不是每秒钟末减少10米而是减小不到10米了。）

　　上面都是些枯燥无味的数目，但是它们会给我们说明许多问题。据说古时候犯人的脚上都扣着锁链，锁链上还带着沉重的铁块，使他们难以举步，不能逃跑。我们大家作为地球上的居民，也都被一个看不见的、类似犯人脚链上的铁块的重量拖着，使我们成为地球的俘虏，不能跑到周围广阔的宇宙空间里去。我们只要稍稍用力向上跳起，一个看不见的重力就会对我们横加干涉，猛力把我们往下拖。落下来的速度增长的快慢——每秒钟增加10米，就是衡量那把我们拖住在地球上的这个无形重锤的作用力的

———————————

① 更精确的数是每秒9.8米；这里为简便起见，按每秒10米计算。

尺度。

　　渴望到无边无际的宇宙空间里去飞行的人们，对于我们生活的行星"地球"一定会觉得很遗憾。在地球的姊妹天体里面，并不都像我们的地球这样有这么强大的重力作用。请看下表，表里列出了在不同行星上的重力强度跟地球上的重力强度的比较。

重力强度

（设地球上的重力强度=1）

木星	2.6	水星	0.26
土星	1.1	冥王星	0.2
天王星和海王星	接近1.0	月球	0.17
金星	0.9	谷神星	0.04
火星	0.4	爱神星	0.001

　　如果我们的重力作用条件跟水星上或者月球上的那样，甚至于跟谷神星上或者爱神星上的那样，那么现在这本书就用不着写了，因为人们早就能够到宇宙空间里去旅行了。在这些小行星上，只要用力往上一跳，就可以永远在广阔的宇宙空间里飞翔了……

　　这样看来，要想实现行星际的飞行，除了需要找到在真空里运动的方法以外，还得解决一个问题，就是：怎样才能克服地球引力的作用。

　　我们只能想出三种和地球引力作斗争的方法。

　　1. 可以找出一种方法，躲开或者遮住地球引力，使它无法作用；

　　2. 可以试图减小地球引力的强度；

　　3. 不变动地球引力，设法战胜它。

　　这三种方法里只要有一种成功，就能够使我们从重力的俘虏下获得解放，开始在宇宙中自由航行。

　　下面我们准备先按上述顺序介绍一下实现宇宙飞行的几个最有趣、最吸引人和最值得注意的设计。

3

第三章

能不能躲开重力的作用？

一切物体都被它本身的重量锁住在地球上，我们从小就习惯这个事实了；因此，我们即使在思想上也很难把重力作用摆脱掉，很难想象出我们一旦能随意消灭这个力量的时候将会发生怎样的情况。美国科学家塞维斯在他的一篇文章里对这个幻想曾经作过这样的描写：

如果我们能够在战斗最紧急的关头放出一种波，把重力作用抵消掉，那么，凡是在这种波射到的地方，立刻就会发生混乱。巨型大炮会像肥皂泡一样飞到空中。行进中的士兵会忽然觉得身轻似鸿毛，将不由自主地在空中飘荡，全部落到这种波作用范围以外受敌人支配的地方。这幅情景很有趣，看来也很难使人相信——但是，如果人们果真会支配重力，实际情况却确实是这样。

当然，这些都是幻想。根本不用去转这种念头，想什么引力可以随意控制。我们连使引力通过的路线稍微偏一点，现在都无能为力，更休想使任何物体避免受到它的作用了。引力，这是自然界目前所知道的唯一的、没有东西可以阻挡的力量。不论是多么巨大、多么密实的物体，也挡不住它的路——它能像穿过空间一样透过去。就我们所知道的，引力透不过去的物体是没有的。

但是，如果天才的人类将来有幸找到了或制造出了引力不能透过的物质，我们能不能够利用这种物质来躲开引力的作用，解脱重力的锁链，自由地冲到宇宙空间里去呢？

英国小说家威尔斯[①]在他写的幻想小说《第一批登上月球的人》里面，详尽地发挥了这种把引力隔离开的思想。小说里的主人公是位科学家，又是发明家，名叫凯伏尔；他发明了一种方法，能够制造出一种引力透不过的物质。作者在小说里给这种幻想物质起了一个名字，叫做"凯伏利特"，他写道：

不同物体对于某些种辐射能不能透过的性质，几乎各不相同；它们对这一种不能透过，对那一种却又能透过。比如玻璃，能够透过可见光线，

---

① 赫伯特·乔治·威尔斯（1866~1946），英国著名小说家，尤以科幻小说闻名于世，代表作：《时间机器》《隐身人》《星际战争》等。

但是对于不可见的热线，透过的能力就差得多；明矾呢，能够透过可见光线，却把不可见的热线完全阻挡住。相反地，碘在一种叫做二硫化碳的液体里形成的溶液不能透过可见光线，却能够让不可见的热线自由透过：隔着盛有这种溶液的容器，看不见火焰，却能够明确感到火焰的热度。金属不仅不能透过各种可见的和不可见的射线，而且不能够透过各种电波，但电波却能够像通过空间一样自由地透过玻璃和上述溶液。

还有，我们知道，万有引力或重力是能够透过一切物体的。你可以设下屏障去截断光线，使它射不到物体上面；你可以利用金属片来保护物体，使无线电波达不到它。可是你一定找不到一种障碍物可以用来保护物体，使它不受太阳的引力或地球的重力的作用。在自然界里为什么找不到那种能截断引力的障碍物，那很难说。可是凯伏尔不相信这种透不过引力的物质一定不存在。他认为自己一定能够用人工方法创造出这样一种能够截断引力的物质。

每一个只要有些幻想能力的人，就很容易想象出：有了这种物质，我们就能得到一种很不平凡的能力。举例来说，如果要举起一个重物，那就不必管这个重物有多重，只要在它下面铺一块用这种物质做的薄板，就能把它像稻草一样地举起来。

小说里的主人公有了这种奇妙的物质，就建造了一只宇宙飞船，准备坐在里面勇敢地飞到月球去。飞船的构造很简单，里面没有什么发动机构，因为它是利用外力的作用前进的。下面是关于这只幻想的飞船的描写：

设想有一个球形的飞行器，里面相当宽大，容纳得下两个人和他们的行李。飞行器有里外两层壳，里面一层用厚玻璃做，外面一层用钢做。飞行器里面可以随带备用的压缩空气、浓缩的食物、制蒸馏水用的仪器等等。整个钢球的外面包有一层凯伏利特。里面的玻璃壳除了舱门以外，都密实无缝。外面的钢壳却是一块块拼起来的，每一块都能够像窗帘一样卷起来。在全部窗帘都放下来遮得极严密的时候，不论是光线，不论是哪一种辐射能或是万有引力，都透不进球里来。可是你可以想象：有一个窗帘卷起来了。这时候，远处任何恰好正对这个窗口的一个大物体，都会把我们吸引过去。这样，一会儿让这个天体来吸引我们，一会儿让另一个天体来吸引我们，我们就可以在宇宙空间里随意旅行，要上哪儿就可以上哪儿了。

威尔斯的小说把飞船起飞时的情形描写得也很有趣。那层包在飞船外面的"凯伏利特"，使飞船完全失去了重量。而没有重量的物体是不能够平静地停留在空气海洋的底层的，它的处境就像湖底的一个软木塞：软木塞会浮到水面上来。这只没有重量的飞船也一样会迅速地向上升，并且在飞出大气层以后在惯性作用下向宇宙空间驰去。威尔斯小说里的主人公就是这样起飞的。等到离开大气层很远了，他们就一会儿打开这些窗，一会儿打开那些窗，使飞船一会儿受到太阳的引力，一会儿受到地球或月球的引力，逐渐飞达我们的卫星（月球）的表面。后来又用这个方法顺利地回到地球。

初看起来，上面描写的宇宙飞行的设计好像很真实，因而很自然地会产生一种想法，解决星际旅行问题，也许应该向这方面努力?实际上我们能不能找到或发明一种引力透不过的物质，用来制造行星际飞船呢? 只要深入想一下，就能看出这是不可能的。

想找出能够遮住引力作用的物质，希望是多么小，这一点我不准备多谈。因为构成一切物质的基本粒子，电子和质子，都具有重量，并且都能透过引力。如果认为把它们作某种配合就可能具有另一种性质，这种想法是毫无意义的。

关于引力的本质的现代的概念（爱因斯坦学说），完全不是把引力看做是一种自然界

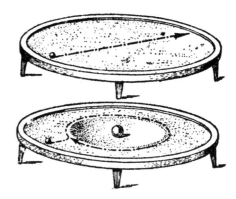

图5　关于引力的本质的现代的概念（爱因斯坦学说）

的力，而是把它看做是物质对周围空间形状的一种特别的作用：跟物质邻近的空间会形成一种曲度。我们可以用下面的比喻来部分地说明这个不寻常的观点。我们在一个圆箍上绷一块布，如果把一个很轻的小球丢到布面上，它就会沿着直线方向滚去。可是，如果在小球行进道路附近的布面上加放一个大铅球。铅球会把布面压得凹下去，像一个盘子；这时候，把小球按刚才的方向丢去，它就不再按直线方向从铅球旁边滚过去，而要受到凹入部分的牵引，在它的斜坡上绕铅球旋转，像行星绕太阳运转一样。爱因斯坦学说实质上是这样说的：行星所以会绕太阳运转，并不是由于受到中央星球（太阳）的引力作用才由直线路径改变成曲线路径，而是由于太阳周围的空间有了曲度。

读者必须注意，上面说的只是一个粗浅的比喻，目的是要使大家对这个很抽象的概念有明显的印象。总之，不管怎么样，从现在对于引力的本质的观点来看，引力作用透不过的遮屏是不可能存在的。但是，即使真的找到了这种幻想材料"凯伏利特"，即使真的按照这位英国小说家的意图造成了飞船，这只飞船能不能像小说里描写的那样去做行星际旅行呢？我们也来研究一下。

当这位小说家谈到如果在重物下面铺一个引力透不过的遮屏就能够把它像稻草一样举起来的时候，读者心里大概也会闪过一个怀疑。因为这恰恰是解决了永动机的问题，解决了从一无所有中取得能的问题！让我们假定真的有了能够遮住引力的材料。把一张"凯伏利特"放到一个重物的下面，就可以不费一点力气把它举起来；现在，我们已经把这个失去重量的重物举到任何高度，然后把下面的遮屏撤去。重物当然要落下来，落下来时候还能做出一定的功。如果把这个简单的动作重复两次、三次、四次、一千次、一万次——愿意多少次就多少次，我们就将得到随便多大的能量，而不需要从任何地方借取。

这样看来，引力透不过的遮屏会给我们神妙的力量，可以从一无所有创造出能来，因为这种能的出现似乎并不要求在另一个地方或用另一种方式消耗等量的能。如果这本小说的主人公果真用小说里描写的方法到达了月球，并且从月球回到地球上来，那么，这样旅行的结果，将使世界得到额外的能。宇宙中能的总量将有所增加，增加的数量将是人体从月球落到地球和从地球落到月球时引力所做的功的差数。地球引力比月球引力大，因而前者的功比后者的大。这个额外增加的能量虽然跟宇宙积贮的能量比较起来是微不足道的，但是毫无疑问，能的这种创造违反了自然界的基本规律——能量守恒定律。

如果我们得到的结论明显地跟自然界的规律有矛盾，那就很清楚，在讨论里一定隐藏有错误。错在哪里，这不难明白。引力透不过的遮屏这个想法本身并没有逻辑上欠妥的地方；但是，认为利用这种遮屏就能够不消耗能量而使物体失去重量，这种想法就错了。要把物体移到引力遮屏上面去，不可能不做功。在开关"凯伏利特"的窗帘的时候，不可能不花力气。在做上述两件事的时候，都要消耗一定的能量，消耗的能量恰恰等于后来像是无中生有创造出来的能量。我们方才碰到的矛盾，就这样解决了。

威尔斯的小说里的主人公在放下行星际飞船的遮屏的时候，实际上等于砍断了把它们锁在地球上的无形锁链。我们精确地知道这根锁链的强度，能够算得出割断它需要做多少功。这等于我们把一个重物从地球表面搬到地球引力等于零的无限远处所要做的功。

有些人常常把"无限"这个词看得很神秘，在这些非数学家的头脑里，一提到这个词就会产生一种极错误的印象。当我说到把物体搬到无限远的地方所做的功，这时候有些读者大概已经认为这个功是无限大的了。实际上，这个功虽然很大，却是一个有限数，而且是数学家能够精确地算出来的。我们可以把一个重物从地球表面移到无限远的空间去需要做的功，看做是一个无限数列的和；这个数列里的各项是很快地递减的，因为离开地球越远，引力也就越小。这个数列的项数虽然无限多，但是它们的和往往是一个有限数。比如你先走一步，然后走半步，然后走 $\frac{1}{4}$ 步，$\frac{1}{8}$ 步，$\frac{1}{16}$ 步，$\frac{1}{32}$ 步……你可以这样走一辈子，可是你总走不满两整步。在计算引力所做的功的时候，我们的算法就跟做这种加法类似，因此对于在无限远距离时这个功是一个有限数这一点，读者不必感到奇怪。可以算出，把1公斤重的物体从地球表面送到无限远的宇宙空间去，所做的功略小于600万公斤米。这个功在技术上究竟大到什么程度，可能不是每个人都能体会得出的，因此我来解释一下：这个数字等于起重机把一台机车（连同煤水车在内共重75吨）提升到80米高所做的功。现代的巨大海轮，像设有100,000马力轮机的"勃烈门"号轮船，在一秒钟里就可以做这些功。

我们再继续谈下去。从消耗功的意义上说，我们把物体从地球上送到无限远的一点，还是送到十分近的、但是不再受到地球引力的一点，这是没有区别的。在这两种情况，所做的功是一样的，因为：功的大小不是由所走路程的长度来决定，而是由起点和终点的引力的差数来决定的。把物体送到无限远时，功是在无限长的路程上做出的；把物体搬到引力遮屏上面去时，同样大小的功却要在搬运的几秒钟内做出。这两种做法，实际上不是后一种比前一种还要困难吗？

现在，威尔斯的幻想设计已经肯定是没有希望的了。这位小说家没有想到，要把物体搬到透不过引力的遮屏上面，这在力学上是一个多么困难的任务。想把"凯伏利特"飞船上的窗帘关上，并不像关上汽车门那么方便；因为在关窗帘这段时间里，要使旅客们跟重力世界隔离开，必须做出相等于把旅客们送到无限远的空间所做的功。因为两个人的总重在100公斤以上，也就是说，小说里的主人公在关闭飞船的窗帘的时候，必须在一秒钟内恰好做出6万万公斤米的功。这件事做起来就跟在一秒钟内把40台机车吊到爱菲尔铁塔塔顶一样"容易"。我们有这样大的本领，没有"凯伏利特"也能够从地球跳到月球上去……就没有必要去考虑什么行星际旅行的问题了。

这样看来，打算在引力透不过的物质的掩护下到宇宙空间去旅行，这种想法会导致逻辑学上所谓的"循环论法"。要想利用这种物质，必须战胜地球引力；也就是说，我们必须做的正是发明的引力遮屏应该做的这件事情。因此，引力遮屏并不能解决星际旅行问题。

4

Chapter

第四章

能不能把地球引力减小？

躲开重力的希望既然不可能实现，那么，有没有办法把地球表面上的重力减小一些呢？

看起来，即使在理论上，万有引力定律也不容许有这种可能，因为：引力是由地球的质量决定的，对于减小地球的质量我们是无能为力的。然而实际上并不是这样。我们谈的是地球表面上的重力强度，大家知道，重力强度不单由质量决定，还由物体跟地心的距离也就是地球半径的大小来决定。如果我们能够把地球掘松，使它的体积增大，使半径达到目前长度的2倍，那么这个地球表面上的重力强度就会减小到$\frac{1}{4}$。因为实际上我们生活在地球表面上，所以和引力中心（球形物体起吸引作用时，它的全部质量就好像集中在球心）的距离已经变成原来的2倍。我们把地球这样改造以后，还会得到一个便宜，就是地球的表面积会增大到4倍。人们居住在地球上，简直可以"自由"4倍，"轻松"4倍……

当然，现在的，甚至今后的技术都不可能做到这一点。

力学还指出了另一条减小地球引力的道路，就是加快地球绕轴自转的速度。现在，地球自转产生的离心作用就已经把赤道上每一个物体的重量减轻$1/_{290}$。再加上别的原因（地球在赤道附近是凸出的），结果使一切物体的重量在赤道上要比在两极轻0.5％。在莫斯科重60吨的机车，到达阿尔汉格尔斯克会加重60公斤，到达敖德萨却会减轻60公斤。一批5,000吨的煤，从斯匹次卑尔根运到了赤道上的港口，如果验收员用斯匹次卑尔根标准的弹簧秤来验收，就会少掉20吨。在阿尔汉格尔斯克重20,000吨的战舰，到达赤道的海洋面上，将减轻80吨；但是，这当然是感觉不到的，因为其他一切物体包括海水在内也都相应地减轻了。这种重量上的差别主要是离心作用引起的：这种作用在赤道上比在其他纬度上都要大，其他纬度上的各点在地球自转时画出的圆要小得多。

不难证明，如果地球的自转快到现在的17倍，那么赤道上的离心作用就会大到17 × 17约290倍。提醒一句，现在离心作用"偷窃"的恰好是物体重量的$\frac{1}{290}$，你就会明白，地球自转得这样快的时候，在赤道上的物体就会变得完全没有重量了。那时候只要跑到赤道上，在那里用脚轻轻一蹬，就能飞到宇宙空间去。星际航行问题也就简单地解决了。如果地球自转得更快一些，我们就会变成身不由己的天空流浪者，因为地球自转的惯性会把我们抛到无边无际的天空。人们要研究的恐怕就不是什么星际旅行；而是"地面"旅行问题了……

不过，我们扯得太远了。上面说的当然都是做不到的事情。即使我们真有本领使地球自转得这样快，地球在这么迅速旋转时一定就沿赤道变成扁形，或许还会像一台高速旋转的磨盘一样，早就变成碎块飞散了[①]。这样来实现星际旅行，代价是太高了……

---

① 有些天文学家认为，我们的地球已经有过类似这样的、对本身完整性发生危险的自转速度。那时候一昼夜只有几个小时。在那个远古时代，地球比今天还要巨大；在高速自转下，从赤热的地球上脱落了很大一部分物质，飞到宇宙空间中去了。我们的月亮不是别的，就是地球脱落的物质聚合成球形，冷却凝固成的（可参考乔治·达尔文著《海潮》和罗伯特·鲍尔著《世纪和海潮》）。

Chapter 5

第五章

用光波克服重力

在跟引力作斗争的三种方法里面，我们已经讨论并且否定了两种：遮住引力的方法和减小地球引力的方法。这两种方法都没有希望解决星际飞行这个吸引人的问题。一切企图躲开引力作用的尝试都不会收到效果，打算减小重力强度的努力也都是枉费心机。剩下的只有一条路：找出战胜引力的方法，克服重力作用而离开地球。

这类设计有好几种。毫无疑问，这些设计比其他各种更有趣；因为设计人没有捏造些像"凯伏利特"之类的幻想物质，也没有提出改造地球或改变地球自转速度的意见。

其中有一种设计建议利用光线的压力来进行行星际飞行。不太熟悉物理学的人一定感到奇怪：怎么柔和的光线会对它照射到的物体施压力。天才的物理学家列别捷夫（П.Н.Лебедев）的最伟大功绩之一，就是用实验发现了并且测量了光线的推力。

一切发光体，无论是书桌上的蜡烛或电灯，无论是赤热的太阳或放出不可见射线的黑暗物体，都通过它们的射线向被照射到的物体施压力。列别捷夫测量出了太阳光线对它照射到的地面上的物体的压力：用重量单位计算，这个压力在每平方米面积上约为 $\frac{1}{2}$ 毫克。如果把半毫克乘上地球大圆的面积[①]，我们就可以得到太阳光线对地球的巨大压力：大约60,000吨。

太阳光线用这样大的压力在推斥我们的地球。就这个力量本身看，是很大的。但是，一切事物都是相对的，如果把它和太阳引力相比，那么这60,000吨的推力就不可能影响地球的运动，因为它不到太阳引力的60万万万分之一。天狼星离开地球极远，它发出来的光要过8年才射到地球上；天狼星吸引地球的力量要比太阳光的压力大得多——有1,000万吨，而我们的地球却好像毫无感觉。不要忘记，60,000吨，这只是一般巨型海轮的重量。（人们已经算出，太阳光压力对于地球的作用可以使地球离开太阳每年2.5毫米。）

但是，物体越小，光线压力跟引力的比例就越大。为什么呢？你只要

[①] 光压每平方米0.5毫克是指垂直照射时说的，因此不能用地球受到太阳光照射的球面面积(半个球面)来乘。根据分力的原理，这个总压力跟一个半径等于地球半径的圆盘上受到太阳光线垂直照射时所受的总压力相等。——译者注

想到，引力跟物体的质量成正比，光线压力却跟物体的面积成正比，就可以明白了。试设想地球变小了，它的直径减小了一半。那时候，地球的体积和质量都减小到 $\frac{1}{2} \times \frac{1}{2} \times \frac{1}{2} = \frac{1}{8}$，面积却只减小到 $\frac{1}{2} \times \frac{1}{2} = \frac{1}{4}$；引力跟质量成正比，可见引力也降低到了 $\frac{1}{8}$，而光线压力却随面积减小，也就是只降低到 $\frac{1}{4}$。从这里你可以看到，引力减小得比光线压力更显著。如果地球再变小一半，就会使光线压力进一步占到"便宜"。

如果把这个三次方跟二次方的不平等竞赛继续下去，就一定会在小到细小的微粒时，光线的压力终于跟引力拉平。这样的微粒就不再向太阳接近，因为太阳的引力被同样大小的推力抵消了。根据计算，这种微粒如果是球形的，具有跟水一样的密度，在它直径略小于千分之一毫米的时候就会发生上面所说的这种情况。

很明显，如果这种球还要小，那么光线的推力就会超过引力，于是微粒就不是奔向太阳而要离开太阳了。微粒越小，它被太阳光推斥得越猛烈。当然，光线压力超过引力的数量是极微小的，但是要知道，微小也是相对的。受到这个力量推斥的微粒，质量也很微小；因而我们不必奇怪，这样微小的力量能够使极微小的质量具有巨大的速度——每秒钟几十、几百、几千公里……[1]

读者往后会知道，只要使物体具有每秒约11公里的速度，就能把它从地球表面送到宇宙空间去；使它具有每秒17公里的速度，它就可以在太阳系里自由旅行。这就是说，如果地球上一粒微尘偶然跑到了大气范围以外，它在那里就将被光线压力所掌握，被带到宇宙空间，永远离别了它的故乡地球。它的速度将越来越大，飞得越来越远，经过火星、小行星、木星等的轨道，飞向我们太阳系的边缘。这粒微尘在速度每秒500公里的时候，一昼夜飞行的路程等于地球轨道的直径，经过那么半个月，就能到达我们太阳系的边缘。

跟列别捷夫同时期研究光线压力的两位美国科学家尼科耳斯和赫尔做

---

[1] "但是当半径比推斥光线的波长小得极多时，和半径成反比的定律就不再有效：当半径接近0.0001毫米时，压力和引力的比值将迅速减小。"（坡音廷）

了下面一个极有意义的实验[①]。他们把一些烧过的菌类孢子和金刚砂粉末混合，撒到一个真空的玻璃管里；这根玻璃管中部有细颈，形状像砂漏。菌类孢子烧过以后变成了炭末，它们非常小，也非常轻；它们每一粒的直径不超过0.002毫米，密度只有水的十分之一。因此，如果用放大镜会聚成一束强烈的光线来照射它们[②]，那么可以预料到，这些微粒会受到光线的推斥。实验的结果就是这样：在这种混合物通过细颈的时候，从弧光灯射来的光线就推斥炭粒，里面比较重的金刚砂粉粒却笔直地落下去。

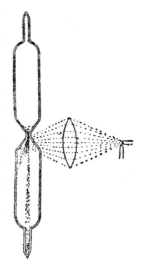

图6　尼科耳斯和赫尔证明光线压力的实验

彗星的尾巴好像受到太阳的推斥，这种奇妙的特点看起来正是要用光压来解释的。行星体系的奠基人、天才的开普勒早已预料到这一点，他在三个世纪以前的一篇有关彗星的论文里写道："按万物的本性来推断，当宇宙空间中的物质受到推斥，并且这个透得过光线的彗头受到太阳直射光线的撞击和穿透的时候，从彗星的内部物质中就应该有一些东西按太阳光线穿过和照亮彗星体的路线出去，……关于彗星体的物质中有东西不断受到太阳光力量的驱逐，这个原因我是从彗星的尾巴得到启发的；大家知道，彗尾永远指向跟太阳相反的方向，并且是由太阳光线形成的……这样看来，读者们一点不用怀疑，彗星的尾巴是太阳从彗头里驱逐出来的物质形成的。"

那么，人类能不能利用这种力量进行星际旅行呢？这当然不一定要把尺寸缩到很小很小，只要建造一只飞船，使它的面积和质量的比跟被太阳光推斥的微粒一样就行了。换句话说，就是：飞船的质量比微粒的质量大几倍，飞船的表面积就应该比微粒的表面积也大这些倍。

有一本用天文学作题材的小说，作者就是用这种飞船把书里的主人公送到别的行星上去的。小说的主人公用最轻的材料造成飞船的座舱，装了

[①] 列别捷夫发现光压是在1990年，尼科耳斯和赫尔的实验是在1901年做的。——译者注
[②] 会聚成的一束光线当然应该比普通光线的压力大得多。

一面很大但是很轻的镜子，镜子像船帆那样可以旋转。这只宇宙飞船里的乘客，只要按需要转动镜子，使它跟太阳光线呈不同的角度，就可以减弱光的推斥作用，或者使推斥作用完全消失而只受引力的作用。他们在宇宙空间来回航行，访问着一个又一个的行星。

小说写得一切都很逼真，很吸引人。但是精确的计算却打破了这种幻想，使人觉察到这种设计根本没有希望实现。要知道，面积一平方米的镜子，质量大约有一公斤；而我们却指望它能在光线压力的作用下获得在太阳系中自由旅行的速度，也就是每秒17公里。不难算出，这个速度在光压作用下只有在……在130年里才能累积起来！

是的，我们可以用最轻的金属——锂来制造镜子：如果镜子的厚度是0.1毫米，面积一平方米的镜子，质量是50克。对于这种镜子（而且不包括它带动的飞船），累积到宇宙速度的期限可以缩短到二十分之一。这实际上对问题并没有什么改变：很明显，速度变化得这样慢，宇宙飞船是不可能运行的[①]。

看来光线的压力只能用来推动所谓地球外面的航行站，这我们后面再谈（参看"人造月球"一节）。

利用从地球发向宇宙空间的无线电波来推动宇宙飞船的设计，也同样没有希望。首先，发射的电波在最好的情况下只有很小一部分能够达到大气层外面。如果连太阳辐射的机械能都不足以推动行星际飞船，那么地球上无线电台的辐射又能起什么作用呢？至于说用无线电来操纵星际飞船，这一点更谈不上；因为只有在飞船有了在真空里飞行的机构以后才可以用无线电操纵，而整个问题就在飞行机构上。

[①] 近年来，出现了一些利用光线压力的宇宙飞船的设计，但不是利用外界光线的压力，而是在飞船上安装强大的人工光源，利用喷射出来的光的粒子——光子——的反作用力来推动宇宙飞船（也就是应用火箭原理，可参看第九章）。这种宇宙飞船叫做光子火箭，它可以用每秒30万公里的速度（光的速度）飞行，到离我们最近的恒星——半人马座的比邻星去只要4.2年。现在人类已经掌握了原子核反应，从理论上说，如果将来能够设法把原子核完全变成光子，就可以创造出这种人工光源，实现这种宇宙飞船的设计。——译者注

Chapter

第六章
乘炮弹到月球去·理论部分

天体的力量拒绝帮助我们。剩下来只有人类技术的强大力量了，它已经克服了不少自然界的障碍。我们能不能在技术上找到足够强大的工具，来割断重力锁链，飞到宇宙空间去研究别的世界呢？

我们必须有儒勒·凡尔纳的独特的智慧，来从杀人武器——大炮身上找到"活着送上天"的办法。大多数人不懂得，从力学观点上看，大炮是人类所发明的机器里非常强大的一种。大炮发射时，炮膛里产生的火药气体加到炮弹上的压力有每平方米2,000~3,000公斤：这比海洋最深地方强大的水压力还要大好几倍。为了用功率的单位也就是马力来计算现代大炮做功的能力，让我们来研究一下40厘米口径的大炮，这种大炮能够以每秒900米的速度把600公斤重的炮弹发射出去。这种炮弹的动能（等于质量乘速度的平方的二分之一）大约是24,000,000公斤米。我们如果注意到这么巨大的功是在几十分之一秒(在本例中是三十分之一秒)内做出的，就可以看到大炮一秒钟所做的功也就是它的功率是10,000,000马力左右。而巨型海轮（"欧洲号"）的发动机的功率却只有100,000马力；也就是说，要有一百台这种海轮的发动机才能做出大炮的火药气体在一秒钟所做的功。

这样看来，这位法国小说家提出利用大炮来解决大气层外面的飞行问题并不是毫无根据的。他在他的小说里给我们留下了最受欢迎的星际旅行设计。谁在少年时代没有随着他小说里的主人公乘着炮弹到月球去旅行呢？

这位已故小说家在两部著作——《从地球到月球》和《环游月球》中表达出来的聪明想法，应该得到比一般书籍更多的注意。读者往往容易受到小说情节的吸引，倾向于不正确地评价它的主要意义，把它有现实性的地方说成是幻想，却把不可能做到的地方说成可以实现。让我们进一步研究一下儒勒·凡尔纳的技术思想。

应当承认，当我严格地分析这位受人欢迎的小说家的这些引人入胜的小说的时候，我也是觉得有些忐忑不安的。这些得到研究院奖金的著作在发表（1865~1870年）以来的几十年中，已经成了世界各国青年所喜爱的读物。我年青的时候，这些书就是最初引起我对"科学的皇后"——天文学的热烈兴趣的；我相信，对千万个读者来说也一定是这样。而我终于决定把解剖刀插进小说家的诗一般的创作中去，是因为我想这只是循着这位小说家的天才同胞、著名物理学家查理·威廉的先例[①]，这样我的心就平静下来了。

如果你以为科学会无情地砍断想象力的"翅膀"，使我们屈服在日常生活现象里，那你就错了。如果科学家不要用想象来帮忙，不善于撇开可见世界而创造出想象的、不易捉摸的形象，那么科学研究的园地就会变成一片荒芜的撒哈拉大沙漠。科学离开了想象，就会变得寸步难行；科学经常要用幻想的果实来营养，不过幻想应该是科学的，要尽可能确切地描绘出想象的形象。

因此，对于儒勒·凡尔纳的小说作科学分析，并不是现实和幻想的冲突。不是的，这是两种类型的想象——科学的想象和非科学的想象——的竞赛。而胜利之所以属于科学，也完全不是因为小说家幻想得太多。相反地，他幻想得还很不够，没有把他的思维中的形象彻底建成。他创造的行星际旅行的幻想图画还没有完全画成。我们必须把所缺的细节补上，如果疏漏的地方使整幅图画完全变了样，这也不是我们的过错。

小说的内容大家都还记得，不用重说了吧？下面我只简单地引儒勒·凡尔纳原作里我们最感兴趣的一些最主要情节：

186……年，全世界被一个科学实验轰动了，这是一个科学史上空前的、非常奇妙的实验。美国战争[②]以后，炮兵人员在巴尔的摩组成一个大炮俱乐部；俱乐部的会员们忽然想到要跟月球来往——不错，是跟月球来往，送一颗炮弹到月球上去。俱乐部主席、这件事业的创始人巴尔比根跟剑桥天文台（在北美）的天文学家研究以后，采取了一切必要的措施来保证这个不寻常的活动。

根据天文台人员的指示，发射这颗炮弹的大炮应该设在南纬或者北纬0°到28°之间的地区，使它能够对正天顶向月球发射。这颗炮弹应该有每秒16,000米的初速度。它在12月1日晚10点46分40秒发射出去，应该在4天以

[①] 见查理·威廉著《力学初阶》一书的最末一章。
[②] 指美国南北战争。

后，在12月5日夜12点正到达目的地，那时候月球恰好处在近地点上，也就是距离地球最近的地方。

作出了下列的决定：（1）炮弹是一颗铝质榴弹，直径275厘米，弹壁厚30厘米，重90吨；（2）大炮用生铁铸造，长275米，直接铸在地上；（3）弹药筒里装火棉107吨，将在炮弹后面产生60万万升气体，很容易把炮弹送到月球上去。

这些问题解决以后，俱乐部主席巴尔比根选择了一块地方，在那里进行了骇人听闻的工作，顺利地铸成了这门大炮。

工作进行到这里，却发生了一件事情，使大家对这件伟大事业的兴趣提高了千百倍。

有一位法国人，一位勇敢机智的巴黎幻想家①，请求把他装进炮弹里，因为他想去看看这颗地球的卫星。这位幻想家要巴尔比根主席和他的死敌尼柯尔船长讲和，并且说服他们跟他一起乘炮弹出发，作为言归于好的保证。他的建议得到了采纳。炮弹的形状改变了。如今它变成一头是圆锥形的圆柱体了。这个炮弹车厢上面装有强力的弹簧和容易破碎的隔板，用来减弱发射时候的冲击力。他们带了一年的粮食和几个月用的水、几天用的煤气。有特别的自动设备制造和输送三位旅客呼吸所需要的空气。

12月1日，聚集了非常多的参观群众；在指定的时间，飞行开始了——三个人在历史上第一次离开了地球，向宇宙空间飞去，他们满怀信心，认为一定可以到达他们的目的地。

我们首先要讨论的当然是这个问题：把炮弹射到月球上去这个想法究竟有多大的现实性。有许多人认为，把物体用一定的速度掷出去以后可以使它永远脱离地球的想法是荒谬的。多数人习惯了这样想：一切掷出的物体必然会落回到地球上来。这些人就会认为，儒勒·凡尔纳把炮弹射到月球上去的想法是荒谬绝伦、毫无根据的。那么，给地球上的物体一种速度，使它离开我们的地球不再回来，可能不可能呢？对于这个问题，力学的回答是绝对肯定的。

---

① 小说里这位幻想家的名字叫阿尔唐，这个人物是根据著名法国航空家兼摄影家纳达尔塑造的。

让我们引牛顿的一些话。他写的《自然哲学的数学原理》是现代力学和天文学的奠基之作，在这部书里（第一卷，第一部分，定义5），他说：

如果一颗铅弹从山顶上的一门大炮用火药水平地射出，在落到地面以前沿曲线飞出了2里；那么（假定空气是没有阻力的），用两倍的速度射出，它就会飞出大约两倍远，用十倍的速度就会飞出十倍远。增加速度，可以随意加大飞出的距离，减小炮弹飞行曲线的曲度，从而可以使炮弹落到10°、30°、90°的距离，可以使它绕地球转，甚至飞进宇宙空间，继续飞行到无限远处。

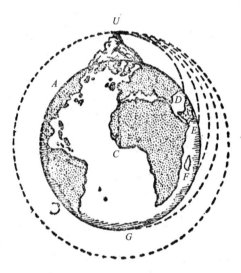

图7　牛顿设想的大炮实验

这样看来，从牛顿设想的大炮发射出的炮弹，在一定速度下将会不断地绕地球转，好像一个小月亮。我们可以算出，要使炮弹这样飞行，需要有多大的初速度。如果说计算的结果是多么新奇，那计算的方法（如果不考虑大气阻力的话）却是多么简单。

为了求出这个初速度，让我们先搞清楚，为什么水平射出的炮弹终归要落到地球上来。

这是因为地球引力弯曲了炮弹的路线——使它不沿直线而沿曲线飞行，这曲线的另一端是跟地面接触的。可是，如果我们能够把炮弹路线的曲度减小，使它的曲度跟地球表面的曲度一样，那么炮弹就永远不会落回到地球上，它将永远沿着一个和地球同心的圆周飞驰。这只要使炮弹具有足够的速度就可以做到，我们来算一下这个速度是多大。请参看图8，这是一幅地球的剖视图。炮弹从A点上的大炮沿切线方向射出，如果没有地球引力的作用，一秒钟后它的位置假定是在B点。可是重力作用使这个情况改变了，在它的影响下，炮弹在一秒钟后的位置不是在B点，而是在比较低的一点，所低的一段距离跟一切自由落体在第一秒钟里面落下的距离相等，也就是低了5米。如果炮弹落下这5米以后和地面的距离跟它在A点时相同，那么就是它将跟地面平行地飞行，既不逐渐向地面接近，也不逐渐远离。而这正是我们所要求的。现在就剩下算出AB的长度，也就是炮弹一秒钟走的路程了；答案就是所求的炮弹每秒钟的速度。这个题目可以用勾股定理来计算。在直角三角形ABO里，AO是地球的半径，长6,371,000米；线段OC=AO，线段BC=5米，因此，OB=6,371,005米。

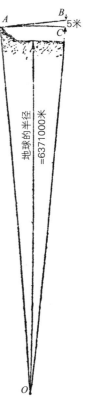

图8　计算永远绕地球转的炮弹的速度

根据勾股定理：

$$6,371,005^2=6,371,000^2+AB^2。$$

从这里不难计算出这个速度是：

$$AB=7900米。$$

这样看来，大炮只要能够使炮弹具有大约每秒8公里的初速度，那么，如果没有大气阻力，这颗炮弹就不会再回到地球，而永远围绕地球转了。如果每秒钟飞行8公里，它将在1小时23分的时间里绕地球一周，回到它的出发点，开始第二周的飞行。它真正变成了地球的卫星，我们的第二个月亮，比第一个离得更近、绕得更快的月亮。它的一个"月"只有1小时23分。它比地球赤道上任何一点跑得快到17倍，假如你记起前面谈到的、地球自转会使重量减轻（参阅第29页），你就会更清楚，为什么我们这颗炮弹不落回到地球上来。我们已经知道，如果地球自转加快到现在的17倍，那么赤道上的一切物体就会完全失去重量，而我们的炮弹的速度（每秒8公里）却恰好是地球赤道上的速度的17倍。

人类应当感到自豪，因为我们有可能——固然还只是理论上的[①]——

———————————

① 在现在，当然已经不只是理论上，而且是实际上，人类能够发射人造地球卫星，并且能把火箭送到宇宙空间去。——译者注

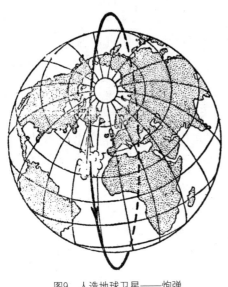

图9 人造地球卫星——炮弹

送给地球一个小小的却是真正的卫星。儒勒·凡尔纳《从地球到月球》一书里的热情的主角、炮兵马斯顿赞叹人在创造炮弹方面显示了高度的威力不是没有根据的，他说："人类发明了炮弹，就等于创造出了在宇宙空间运行的天体，天体实质上就像炮弹。"这个比喻，对于射到宇宙空间去的炮弹来说，就显得更确切。这种新的天体虽然很小，却将跟别的天体一样，服从着控制天体运动的开普勒三大定律。已经没有必要说炮弹是"地球上"的物体，它只要得到宇宙速度，就会变成真正的天体了。

　　这样看来，只要给炮弹每秒8公里的初速度，我们就可以使它变成一个小小的天体，它战胜了地球引力，不再回到地球上来了。那么，如果给炮弹更大的初速度，将会怎样呢？天体力学告诉我们，水平射出的炮弹在初速度达到每秒8、9、10公里的时候，它绕地球运行的路径将不是圆，而是椭圆——初速度越大，这个椭圆就拉得越长；地球的中心处在这个椭圆的一个焦点上。

　　如果我们把初速度提高到每秒11公里，椭圆就会变成一种不闭合的曲线——抛物线。说得精确些，如果地球是影响这颗炮弹路程的唯一天体，这时候椭圆就应该变成抛物线。可是，太阳的强大的引力对炮弹也在起作用，不让它飞到无边无际的空间去。炮弹用上述速度向地球的公转运动方向射出以后，可以避免落到太阳上，它将永远绕太阳转，跟地球和其他行星一样。在天文学意义上它又提升了一级：从地球的卫星变成太阳的卫星，也就是变成了一颗独立的行星。人类的技术将使太阳系得到一个小小的新成员[①]。

前面我们为了简便，讨论了水平射出的物体。天体力学证明，物体不管按什么角度射出，即使像儒勒·凡尔纳小说里的炮弹那样正对天顶发射，上面的结论也总是正确的。不管用什么角度射出，只要有足够的速度，炮弹就会永远离开地球，到宇宙空间里去。

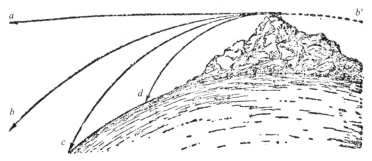

图10　用极大速度发射出去的炮弹的命运

看，理论给我们开创了多么奇妙的可能性！可是，它的固执的姊妹——实践——怎样呢？现代炮兵能不能做到这件事呢？

暂时还不行。我们今天最强有力的大炮还不能够使炮弹获得这样巨大的速度。现代超远程大炮的炮弹射出时的初速度大约是每秒1.5公里，这只是使炮弹从地球飞到月球所需速度的$\frac{1}{7}$。

从1.5公里进步到11公里好像并不很难。我们的科学技术在胜利的行进中克服过更大的距离，例如当人们用现代炮兵的强力火炮代替了古代的弩炮时就是这样。在古罗马时代，如果有人说他们的后代能够把成吨重的炮弹射到40公里以外去，就会被人认为是疯子。恐怕连儒勒·凡尔纳也没有想到，只在半个世纪以后，人类已经能够把炮弹发射到120公里以外了……巨炮射出炮弹的能要比赤手空拳投掷石块的人的能高出千万倍。我们既然能够远远地超过原始人的力量，那么给炮兵技术能力的进一步增长提出某种界限，岂不是太冒失了吗？

当然，最可恼的是地球重力这么大。月球上的重力强度只有地球上的

[①] 这一点现在已经可以实现了，曾经有一个宇宙火箭就变成了一个人造行星。——译者注

六分之一，而且完全没有严重阻碍炮弹飞行的大气，因此在月球上想把炮弹变成卫星，只要有我们人类目前所有的某一种远射程大炮就差不多够了（需要的初速度是每秒1.7公里）。在火星的卫星——小小的福菩斯上，干脆可以用手把石块丢出去，它就永不再落下来了。

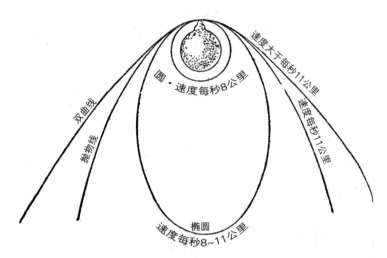

图11　以每秒8公里以上的速度从地球水平射出的物体在真空里应该走的路线

　　但是，我们既不是在福菩斯上，也不是在月球上，而是生活在地球上。因此我们必须达到每秒约11~17公里的速度，才能够使炮弹飞到别的行星上去。

　　我们能够做到这一点吗?

Chapter

7

第七章

乘炮弹到月球去·实践部分

那么，我们是不是可以希望炮兵有一天能够实现儒勒·凡尔纳的幻想小说里大炮俱乐部会员提出来的大胆设想呢？

不行，原因是这样。

不难想象，炮弹火药爆炸时产生的气体所能给炮弹的速度，无论如何不会超过气体本身所具有的速度。这些气体的运动能是从火药里贮藏的化学能得到的。知道了这一点，就能算出火药最多可以使炮弹具有多大速度。比如说，一公斤黑色火药燃烧后能够发出685卡热量。化成机械能，按一卡合427公斤米计算，这就是290,000公斤米。因为1公斤物质以速度v运动时动能等于$\frac{v^2}{20}$公斤米[①]，所以有方程式：

$$290,000=\frac{v^2}{20},$$

因此v=2,400米/秒。这就是说，黑色火药能给炮弹的最大速度是2,400米/秒；不管你把火器怎样改进，也不能超越这一极限。

就我们知道的各种炸药来说，贮藏能量最大的是硝化甘油：每公斤贮有1,580卡热量（儒勒·凡尔纳小说里的主人公到月球去所用的火棉爆炸时只发生1,100卡）。把它化成机械能，可得670,000公斤米；从公式

$$670,000=\frac{v^2}{20},$$

知道炮弹的极限速度是3,660米/秒。我们已经知道，要把炮弹射到宇宙空间去，必须有每秒11~17公里的速度，这样看来，炸药所能产生的速度还差得很远。

但是，如果现有的炸药还不能够使炮弹得到宇宙速度，那么可不可以希望化学将来能够提供更强有力的炸药呢？对于这个打算，化学家给我们的消息却是很少希望。"如果想在发明强力炸药方面达到很大成就，那是徒劳的。我们的炸药本来就已经产生很多的热量，弄得温度极高了……很难希望通过化学方法来远远超出这个温度的极限。看来要想发明一种能够做比现在更多的功的炸药是不可能的。"（引自希洛夫〔Е.Шилов〕所著

[①] 动能等于$\frac{1}{2}mv^2$，这里m是物体的质量。如果质量用公斤做单位，速度用每秒米做单位，得出的动能单位是焦耳。这里动能的单位是公斤米，1公斤米=9.8焦耳，用近似值，就是10焦耳，这就是说，从焦耳化公斤米，应该用10除，所以这里的分母不是2而是20。——译者注

《炸药的力的极限》一书。）

这样看来，装炸药的大炮是完全不适合用来向宇宙空间射击的，并且永远是这样。但是，报纸上提到的新发明的电磁炮将来或许能够实现这件事吧？对于这个问题，我们现在还一无所知。

我们不妨做一个乐观的人，希望这种电磁炮能够取得很大成就，将来可以帮助人类把炮弹射到月球上去。

如果问题只是在于我们想找一种方法，来在行星之间设立一所别开生面的空中邮局，往遥远的世界给不知名的收件人投寄"邮件"，那么，电磁炮也许能够顺利解决这个任务。

不过我们现在所关心的是炮弹，关心它飞得够不够快，能不能达到目的地。现在我们来想一下炮弹的内部会发生什么情况。要知道，我们的炮弹不是炮兵用的普通炮弹；这是一种别开生面的车厢，里面要乘坐旅客的。飞行的时候，旅客们的遭遇怎么样呢？

儒勒·凡尔纳的引人入胜的设计的弱点正隐藏在这里，而不在于把炮弹射到月球上去的想法本身。

这次空前的旅行对儒勒·凡尔纳笔下的炮弹乘客来说，远不像小说里描写的那样顺利。但是，不要认为他们在从地球到月球的旅途中一直都受到危险的威胁。一点也不是这样！旅客们如果在离开大炮炮口的时候都活着的话，那么在以后的长途旅行中就不必再担什么心了。在宇宙空间里是没有风暴，没有波浪，也没有颠簸的。跟流星碰撞的可能性极小，在儒勒·凡尔纳笔下那个几乎挡住炮弹去路的第二颗地球卫星，实际上并不存在。至于使乘客们和他们的车厢一起在宇宙空间里飞行的那个巨大的速度，就跟我们绕太阳转的速度有每秒30公里一样，对人一点没有害处。

对儒勒·凡尔纳笔下的旅行家们最危险的时期，是炮弹在炮膛里运动的那百分之几秒钟。在这个极短的一瞬间，旅客们的运动速度提高到很难想象的程度：要从0增加到每秒16公里[①]。小说里的主人公认为，炮弹发射的瞬间，对他们来说，跟他们不是坐在炮弹里面而是站在炮弹前面同样危险，这种看法是完全正确的。的确，在发射的瞬间，座舱底板（地板）撞

---

① 儒勒·凡尔纳给炮弹选了这个速度，是想它除了克服重力作用，还要克服大气阻力。

击旅客的力量，应该跟炮弹冲击它面前的物体的力量一样大。认为这些乘客们只是一度觉得血液猛力往头部涌，这种想法是不正确的。

事情要比这严重得多。让我们作一个简单的计算。炮弹在炮膛里是加速运动着的——在火药爆炸时形成的气体的不断加压下，炮弹的速度在加大；在百分之几秒钟里，它从0增长到每秒16公里。这个运动的加速度大到什么程度，也就是速度在一秒钟里要增长多少呢？尽管这个运动一共只经历百分之几秒钟，我们还是计算一整秒钟的速度变化。原来，在炮膛里滑动的炮弹，它的"加速度"竟是一个巨大的数字——每秒640公里[①]。为了便于比较，我只提醒一点：特别快车开动时的加速度不会超过每秒1米。

这个数字——640公里/秒——的全部意义，只有把它跟地面上落下物体的加速度相比才能理解：自由落体的加速度大约是每秒10米，也就是只合这个数字的 $\dfrac{1}{64,000}$。这就是说，在发射的瞬间，炮弹内部的每一个物体加在舱底上的压力会是这个物体本身重量的64,000倍。乘客们会感觉到体重忽然增加了几万倍。单是巴尔比根先生的一顶大礼帽就有十几吨重了。

不错，这情况一共只有 $\dfrac{1}{40}$ 秒钟，但是我们可以不必怀疑，在这样巨大的重力作用下，人一定要给压得扁扁的了。儒勒·凡尔纳笔下的主人公们采取了许多措施来减弱这种撞击力量：加装弹簧缓冲器和建造盛水的双层舱底，这些措施都是无济于事的。是的，有了这些措施，撞击的时间会延长一些，因而速度的增加也会缓慢一些。但是，就这里所谈的巨大力量来说，效果并不大：把乘客压向地板的力量最多不过减小百分之几罢了。

有没有办法使爆炸时这个速度的增加[②]不是快到那么致命的程度呢？

把炮筒大大加长，可以做到这一点。只要计算一下（参看附录6），就不难相信，比如说，如果我们想在放炮时候使炮弹里面的"人造"重力等于地球上的普通重力，我们就该把大炮炮筒造得非常长——不多也不少，正好要6,000公里。儒勒·凡尔纳的巨炮就必须一直装进地球的深处，

① 详细演算请参看书后附录6。
② 这个巨大的加速度实际上就是当炮弹撞到障碍物上时我们叫做振动的另一个名称。

几乎要达到地心，才能使乘客们不至于感觉到任何不愉快：他们只感觉到体重增加了一倍。

这里应当指出，人的机体在极短的时间里是能够忍受几倍的重力而不受伤害的。我们从雪山上滑雪下来的时候，很快地改变运动方向，在这一刹那我们的体重会增加到10倍（也就是说，我们身体压在滑雪橇上的力量有平时的十倍大）……德国星际航行问题研究家奥柏特教授说，"我就知道这样的事情，有一位消防队员从25米高的地方跳下来，横卧到张紧的被单上，把被单压下去整整一米，而这一跳并没有使他受到任何伤害。他撞到被单上时的加速度达每秒240米（等于正常重力加速度的24倍）。"那我们就算人能够在极短时间里可以忍受等于自己体重20倍的重力，这样要想把人送上月球，炮筒有300公里长也就够了。可是这并不能使我们得到多少安慰，因为制造这种大炮还是技术上做不到的。而且大炮这样长，它的发射力量经过300公里长的炮筒的摩擦以后，一定会大大减弱，这一点也还没有算进去呢。

物理学还指出了另一个减弱撞击力的方法。质脆的东西如果浸在同样比重的液体里，可以避免振碎。这就是说，如果把质脆的物品放在盛着同样比重的液体的容器里，并且把容器密闭；那么，即使把它从高处丢下，使它受到猛烈的振动(当然这里有一个条件，就是容器本身必须保持完整)，质脆的物品几乎一点不会撞坏。这种想法是齐奥尔科夫斯基（К.Э.Циолковский）最先提出的，他写道："大家知道，一切柔弱娇嫩的构造——胚胎，大自然都把它们放在液体里或者用液体包着它们……拿一杯水、一个鸡蛋和一些盐来。把鸡蛋放在水里，陆续加盐，直到鸡蛋开始从杯底向水面浮起为止。这时候再加些水，使鸡蛋在杯子里任何地方都能平衡；也就是说，如果让它停在中央，就不再向上浮起，也不再向杯底沉落。现在，试把杯子重重地向桌面敲去，只要玻璃不破裂就行，杯子里的鸡蛋是一动也不动的。当然，如果没有水，鸡蛋早在轻轻敲击时就碎了。"

可是，千万不要以为，只要在炮弹内部装满等于人体平均密度的盐水，使乘客穿上潜水服、带着氧气坐在盐水里，就能够使我们实现儒勒·

凡尔纳小说里炮兵的大胆思想；在射击以后，速度的增加停了下来，乘客得到了炮弹的速度，他们就可以把水放出，在座舱里安顿下来，不必担心有意外危险了。这样想是错误的，因为人体构造不是各部分相同的，它是由各种不同比重的部分（骨骼、肌肉等等）组成的，想把每一部分都浸在同样密度的液体里是不可能的。

特别是不可能使封在头盖骨里的脑子不受到振动。而实验告诉我们，正是这个器官对速度的急剧变化特别敏感（这时候脑子将猛力压到头盖骨内壁上）。

这样，要想真正实现儒勒·凡尔纳的引人入胜的设计，首先必须克服下列困难：

1．想出一种方法射出炮弹，使它的速度比现代最快的炮弹的初速度尽可能地大。

2．建造一门300公里长的大炮。

3．把大炮的炮口伸到地球大气层外面，来避免空气阻力。

但结果是：就这样到宇宙空间去旅行，丝毫没有活着甚至是死着回到地球上来的希望。儒勒·凡尔纳的炮弹是不能操纵的，要它走新的方向，必须把它装进另一门大炮里去发射。可是，在宇宙空间里或者在别的行星上，又哪里去找这门大炮呢？

不由得使人想起了巴斯加的话："一个人如果没有希望有朝一日把自己所见讲给别人听，他就不会去周游世界，"……可是，儒勒·凡尔纳的大炮恰恰没有给我们留下这种希望。

Chapter

第八章

两个不能实现的设计

我们本来可以不去研究不能实现的星际飞船的设计。但是我们的任务不仅是使读者知道在这方面的真正可以达到的情况，我们还想消除某些有关这方面的糊涂见解。在这里把科幻小说作家幻想出来的关于星际飞行的大量"设计"一一介绍是没有意义的，因为作者本人就没有给这些往往是毫无意义的想法以重大的价值。本书的前几章已经分析了这类东西里最有意义或貌似可行的想法，例如威尔斯的"凯伏利特"、儒勒·凡尔纳的大炮、光线压力等等，而撇开了其他各种不值一顾、只会混淆视听的空想。

　　但是，还有两种设计，虽然毫无疑问是不能实现的，却值得一谈。这两种设计我们也听到过一些，因为在刊物上不止一次介绍过，而且乍看来似乎还是容易实现的。很遗憾，刊物上没有作批判性的介绍，有许多读者可能还认为那是在介绍考虑周到的技术思想哩。

　　这两种设计都来自法国。其中之一是两位法国工程师马斯和德鲁哀在1913年提出的，著名的技术文章作家格拉芬尼作了下列介绍：

　　假定有一个直径巨大的轮子，轮缘上带着一个准备投掷出去的炮弹。如果在足够的转速下突然把炮弹放开，它就会以车轮上相应点的速度向切线方向飞出去。这种装置可以简化成这样：用两根平行的杆子，把它们的中点装牢在轴上。杆子的一端装上待投出的炮弹，另一端装上质量相等的平衡物。在杆子长100米时，每转一转可走314米；这就是说，如果转速达到了每秒44转，那么杆子末端的速度就将达到每秒约14公里。

　　如果我们要在几分钟以内达到这样高的速度，那就得有一台成百万马力的发动机。这显然是办不到的。限于现有技术水平，只能动作得慢一些，比如说，花上7小时来取得转速每秒44转；这时候只要有12,000马力的发动机就行了。

　　这种投掷机很明显应该装设在某个峡谷上，例如安装在群山的陡壁

图12　用旋转巨轮来投掷星际飞船（A）的设计

之间。它将由蒸汽轮机带动，等速度足够的时候由一个特别的电动设备把炮弹解脱，使炮弹竖直向天顶飞去。

这个设计为什么是不能实现的呢？首先，很难找到这种材料，能够受得住在这样高转速下产生的拉力。从力学公式不难算出，当圆周速度每秒14公里、旋转半径50米时，炮弹每一克质量的离心力是：

$$\frac{(1,400,000)^2}{980 \times 5,000} = 40,000克 = 40公斤。$$

这就是说，两根杆子受到的拉力等于炮弹重量的40,000倍。因为炮弹重4吨，那么杆子受到的拉力将达160,000吨。而我们知道，巴黎埃菲尔铁塔全重也只有9,000吨！如果这两根杆子是用上好钢材制造的，要使它安全地承受这个拉力，假定断面是正方形的，就必须有6米粗细，而且还要假定这样惊人粗大的杆子本身是没有重量的……

除此以外，还有一个完全无法克服的困难，这就是由于炮弹内部重力增加而产生的困难。必须记住，随着轮子旋转的炮弹里的乘客，到向宇宙空间飞出的那一刻，体重要增加到40,000倍，当然要被自己的体重压死。显然用这种轮子把活的乘客送上天去是不可思议的。

另一个设计也许是格拉芬尼创造的，初看起来，这个设计好像比较现实。这里也是利用圆周运动的惯性，只是把大轮子改成了固定不动的环形轨道，轨道铺设在环形隧道里；环形道路的直径是20公里。沿轨道滑行着润滑良好的车子，上面装炮弹车厢。车子由专设的发动机驱动，发动机装在车外，通过两根钢轨之间的导线来传递能量。由于发动机在不停地运转，车子就应该做加速度滑行。为了减小空气介质的阻力，隧道里面还用泵抽掉了空气。沿环形轨道的切线方向设有一条支线，这条支线是逐渐斜向高处的。当装着炮弹车厢的车子在环形轨道上跑了一定圈数，速度达到每秒12.5公里的时候，就会自动转到支线上，并且受到制动。车子慢慢停下来，而装在上面的炮弹车厢却在惯性作用下从车子上滑出去，以每秒12.5公里的速度飞到大气中；它穿过空气层飞进宇宙空间的时候，速度降低到每秒10.9公里。

但是，格拉芬尼照上面所说的想法是不可能实现的，即使假定每秒12.5公里的速度可能达到也不可能实现，因为这里没有考虑到飞向宇宙空间那一刻炮弹内部人造重力的增长。在这个设计里，虽然重力比

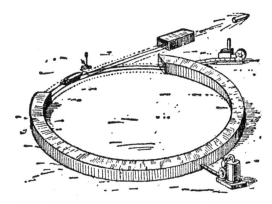

图13　向宇宙空间起飞用的闭合环形轨道，右上角是抽气泵

前一个设计小得多，因为环形轨道的半径增长了，但是仍旧大得使这个设计很不现实。真的，让我们算一算炮弹每克重的离心力吧。它等于：

$$\frac{(1,250,000)^2}{980 \times 2,000,000} = 约800克。$$

这就是说，乘客的体重到向宇宙空间飞去的那一刻，要增加到800倍——体重增加到这样大，当然是要致命的。因此，无论炮弹沿圆周运动的速度增加得多慢，它的向心加速度不可避免地会超过人体能承受的数值。

因此，这两项法国设计应该都列入完全不可能实现的设计之列。

9

Chapter

第九章

乘火箭到星球去

经过一连串失望之后，我们终于找到了唯一的、真正可以实现行星际旅行的方案。这条道路是俄罗斯科学家齐奥尔科夫斯基首先（在1903年）指出的，这跟前面谈到的各种幻想不一样。我们看到的已经不是小说家的幻想，不是单纯的天体力学上引人入胜的问题，而是一条已经考虑成熟的力学原理，实现乘可以操纵的"炮弹"——星际飞船——到大气层外面飞行的现实道路。

这个在没有支点的真空里运动和操纵的方案所根据的原理是再简单没有了。物理学一开始就把"作用和反作用"定律介绍给我们。这个定律又叫做"牛顿第三定律"，它说：一个作用力永远会产生一个跟它力量相等的反作用力。这个反作用力就是帮助我们飞向无边无际的星际空间去的力量。反作用力到处都会产生，也许正因为这样，我们才没有明确地感到它的存在；必须有特殊情况，才会使我们想到它。

在放枪的时候，你会感觉到枪的后坐力：爆炸气体的压力把子弹推向一方，同时又用相等的力量把枪向相反方向推动。如果枪的重量跟子弹一样，枪托冲击到射击手身上的后坐力将跟子弹射击的力量同样大小；这样，每个射击手就都变成自杀者了。但是，枪比子弹要重许多倍，它的反冲作用也就减弱这些倍。必须永远牢记，一般来说，力对物体所起的作用决定于这个物体的质量：同样一个力，它使重的物体得到的速度比它使轻的物体得到的小（跟两个物体的质量成反比）。我们不应该单从字面意义去认识"作用和反作用"定律，因为作用的本身几乎永远不等于反作用，相等的只是这时起作用的力，这个力能够引起很不相同的结果。

你观察苹果落地的时候，不要以为地球一动不动，违反了反作用定律。这里同样发生着相互的吸引——地球对苹果的作用力产生了完全同样大小的反作用力。苹果和地球可以说是在相等的力的作用下在互相降落；不过由于地球的质量远比苹果大，地球降落的速度就比苹果小得多。苹果从树上落到地上的时候，地球只向苹果移动了大约百万万万万万分之一厘米。实际上地球是没有动，看到的只是苹果的运动。

伟大的牛顿首先提出的这个定律，为我们开辟了一条不用支在什么上面就可以自由运动的道路。不推开什么，单靠内部力量来运动——是不是

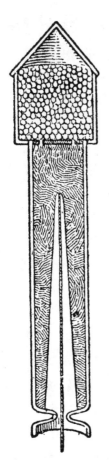

图14　能够放出五彩小星星的烟花（头部装的是彩色火花的小药球）

像"吹牛大王"的笑话那样，自己抓着头发想使自己升上天空呢？有相像的地方，但是只是表面上相像。实质上这里有巨大的区别，如果说抓着头发把自己提起来是多么荒唐，根据反坐原理运动的方法却是多么切实可行。大自然早就使许多动物实现了这种运动。乌贼把水吸进腮腔，然后用力从身体前面的漏斗管喷出去；水向前冲出，乌贼的身体却得到了方向相反的推力，使它往后退；只要改变漏斗管对着的方向，乌贼可以用这种特别的方法向任何方向游动。像水母、蜻蜓幼虫以及许多其他水生动物都是用这种方式移动它们的身体的。这种方法在人类的技术上也加以采用：水轮机和所谓反击式蒸汽轮机就是根据反作用定律运转的。

但是，这种使我们感到兴趣的运动方法再没有比放烟花的时候看得这么清楚的了。你一定欣赏过好几次烟花飞升天空的情形了，烟花就是一种普通的火箭。你可曾想到看见的正是未来的星际飞船的雏型？可是很早以前天才的高斯就已经预言，火箭在将来具有伟大的意义，比发现新大陆的意义还要伟大……

火箭里的火药燃烧的时候，火箭为什么会向上飞呢？这个问题甚至不少研究科学的人都认为，这是因为火药燃烧时从火箭里喷出来的气体"推开了空气"，才使火箭往上飞的。实际上，空气不仅不是帮助火箭飞升的条件，甚至还要妨碍它的飞行：火箭在真空里会比在大气里飞得更快。火箭飞行的真正原因是：当火药气体从火箭里面向下猛力喷出时，火箭筒本身就被反作用力推了上去。关于这种飞升的力学条件，著名的"三一分子"基巴尔契奇[①]（Н.И.Кибальчич）在他就义前的笔记里解释得最清楚，关于他，后面还要谈到。他写道：

"设有一薄铁片制成的圆筒，四面密封，只在一端的筒底开有小孔。

[①] 民意党成员，1881年3月1日刺杀沙皇亚历山大二世事件的组织者和参加者。

沿圆筒的轴放一块压紧的火药，把它点燃。火药燃烧时产生的气体会向筒的周围内壁施压力。但是侧壁上的各个压力互相抵消了，只有不开孔的那一端筒底的压力没有相反的压力来抵消，因为它对面的底上开有小孔①。如果放筒时使不开孔的底向上，那么，在一定的气体压力下，这个筒就应该向上升起。"图15可以说明这个意思。

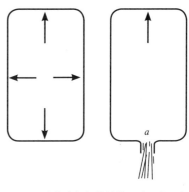

图15　火箭内部气体的作用（示意图）

　　火药在火箭里燃烧时发生的情况，实质上跟大炮发射时是一样的。炮弹向前飞出，炮身却向后坐。如果大炮是悬空的，周围没有一点支持的东西，发射以后它就要向后退；大炮的质量等于炮弹的多少倍，它的后退速度就等于炮弹前进速度的多少分之一。火箭正像是跟大炮相反的东西——在大炮里火药爆炸的功用是把炮弹射出，炮筒几乎是不移动的；在火箭里呢，爆炸气体却是用来使火箭本身运动。这种气体的速度和质量都很大，"后坐力"足以使火箭本身迅速向上飞起。在火药燃烧期间，火箭的速度不断地增加；而且火箭本身还在既有的速度上不断增加新的速度②，因为其自身重量由于贮藏的燃料逐渐用掉而变得越来越轻，力对它的作用也就更显著。

　　下面介绍一具根据同样原理制成的简单仪器。这种仪器很简单，可以自己制成。它能够清楚地说明确实存在一种力量，能够使火箭飞向跟喷出气体相反的方向。把一个曲颈瓶用线挂在架子上。曲颈瓶里盛上水，下面点着酒精灯。水沸腾以后，蒸汽从曲颈瓶口喷出，曲颈瓶本身就向相反方向后退。等到曲颈瓶离开了火焰，很快就冷却下来，水停止沸腾，蒸汽不再向外喷射，于是曲颈瓶就回到原来的位置。这时候水再一次沸腾，曲颈瓶再一次往后退，这样继续下去。整具仪器就像一个摆（塞尔纳"热力

---

① 这里应该这样理解，产生反作用力的不是压在筒底上的压力，而是从小孔喷出的气体。——译者注
② 烟花上升的加速度比地球的重力加速度大几十倍。

图16　塞尔纳的热力摆

摆"）。据说，牛顿曾经设计过一辆自动车，构造和这个相似，他实际上是做了以后喷气式汽车设计师做的事情。

我们还是回过头来谈谈火箭和行星际飞船吧。火箭里面的火药全部烧完以后，剩下的火箭筒在惯性作用下再飞出一段路，然后就跌回到地面上，因为它的速度还不足以克服重力作用。可是，假使有一具几十米长的火箭，装有足够的燃料，使它能够慢慢达到每秒11公里的速度（我们已经知道，这个速度足以使火箭一去不复返地离开地球），那么地球引力的锁链就扯断了。宇宙飞行的方法也就找到了。

就是这种物理学上的想法引导人们设计出一种飞行器，这种飞行器不仅能够在大气里飞行，而且能够在大气层外面飞行。制造这一类飞行器（固然当时还是为了在大气层里飞行用而不是供行星际旅行用的）的思想，首先是著名的俄国革命家兼发明家基巴尔契奇在他就义前的一项设计中提出来的。基巴尔契奇的设计只提出了制造飞行器的主要思想，他写道："我自由的时候，没有足够的时间来研究这个设计的细节，没有用数学计算来证明它的可行性。"另一位俄国物理学家齐奥尔科夫斯基把这个思想作了详尽得多的研究，他创立了真正的行星际飞船的思想，并且用严格的数学计算论证了这种飞船的可能性。

齐奥尔科夫斯基的飞行器实际上就是一具设有客舱的巨型火箭。还在1903年，他写道："假设有这样一种器械：一个长长的金属舱，不仅可以携带各种物理仪器，还可搭乘操纵它的有理智的生物，里面备有灯光、氧气、二氧化碳吸收器和其他的动物排泄物的吸收器。舱里还储有大量的、一经混和马上就能形成爆炸物的物质。这些物质在一定的地点正确而均匀地发生爆炸，形成的高热气体从一个逐渐扩大的管子流出。在这个管子的末端，由于猛烈地疏散和冷却，气体就通过扩大的管口以极大的速度向外

　　　别莱利曼趣味科学作品全集　行星际的旅行

喷射。显然，这种器械在一定条件下应当会向高处飞去。坐在这个器械里的人，可以利用一个专设的方向舵，使它飞向任何方向。这将是真正的可以操纵的宇宙飞船，乘着它可以飞向无边无际的宇宙空间，飞到月球和其他行星上……旅客们还可以通过控制燃烧一步步提高飞船的速度，使速度的增加不至于危害旅客。"

我们在后面还要比较详细地介绍这类设计，这里且让我们谈一下齐奥尔科夫斯基的星际飞船比儒勒·凡尔纳的炮弹具有什么显著的优点。首先，制造齐奥尔科夫斯基的飞船当然要比制造儒勒·凡尔纳的巨型大炮容易实现得多。其次，星际飞船的极高速度不是像炮弹那样瞬间产生，而是逐渐产生的，这就可以使旅客避免由于体重急剧增加而被压死的危险。

对于火箭式星际飞船，空气阻力也毫无危险；因为飞船在大气里飞行时的速度要比宇宙速度小得多——比如说，等于现代枪弹的速度；飞船只是到达大气层外面才增加到最后的行星际速度。在那里，在宇宙空间里，爆炸就可以完全停止：飞船将在惯性作用下疾驰，它的速度只是由于地球引力的作用而有所减小。它能够这样子不消耗一点燃料地飞行几百万公里，只有在改变飞行方向、改变速度或者在向行星上降落为了减弱撞击时才需要重新开动爆炸机构。

然而火箭式星际飞船的主要优点却在于它能够使未来的宇宙航行者在飞过月球或者访问了某个小行星以后，在愿意的时刻重新回到自己的故乡地球上来。这里只需要贮备充足的爆炸物质就好像极地航海家需要贮备足够的燃料一样。

如果说还有一点危险的话，那只是跟巨大的流星相撞，流星就是一种在星际空间横冲直撞的宇宙石头。但是计算说明，跟大小足以危及星际飞船的流星相撞的可能性是极微小的（关于跟流星相撞的危险，我们在另一个地方还要谈到）。

这样看来，这种引人入胜的想法，到别的世界去，到月球、小行星、火星去旅行，都是可以实现的。呼吸用的空气不难随身携带（携带液态氧），用来吸收呼出的二氧化碳的装置也同样可以携带。贮备食物、饮料等等来供应星际旅客，也是可能做到的。从这些方面看，看不到有什么严重的障碍——至少对于时期不长的行星际旅行是这样。

至于在月球上、小行星上或大行星的一个小卫星上降落（只要它的表面能够降落的话），这只是有没有足够的爆炸物质的问题。适当地控制爆炸，就可以使飞船的巨大速度降低，使它平稳和安全地降落。可是还应该有足够的爆炸物质贮备，以便离开这个临时"码头"，克服这个行星的引力，带着能平稳降落到地球上所必需的贮备开始返航。

到达别的行星以后，只要穿起特别的、像潜水服那样的不透气的衣服，宇宙中的哥仑布就能够从宇宙飞船里走出来。他们肩背备用的氧气和金属背包将在陌生世界的地面上走动，进行科学观察，研究这个陌生世界的自然界，采集标本……另外，他们还可以坐着随带来的密闭汽车到较远地方参观。"站在小行星的地面上，从月球上拾起一块石头，从几十公里远的地方观察火星，降落在火星的卫星上，或者甚至是降落在火星本身上面——看起来，这些也许是比较幻想的吧？可是，只要有采用火箭器械的一天，这个伟大的天文学上的新时代就开始了，这个更详细地研究天体的时代就开始了。"（齐奥尔科夫斯基）

齐奥尔科夫斯基没有提出他的星际飞船的结构设计，他认为必须把他这个思想先就原理方向进行比较细致的研究。不过，作为实现这个基本原理的一个浅显易懂的例子，这里附一幅示意图；这幅图是根据齐奥尔科夫斯基在1914年应我的请求所做的草图绘制的（图17）。下面是他亲笔写的简短说明：

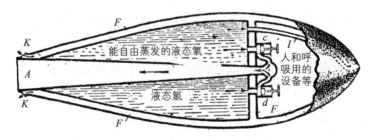

图17　根据齐奥尔科夫斯基的设计而做的行星际飞船构造示意图（剖面图）

器械的外形像一只无翼的鸟，这样很容易排开空气前进。内部大部分被氢和氧两种液态物质所占用。这两种物质之间有隔壁隔开，它们只能一点一点地化合。舱里其余部分，容积较小的部分，用来容纳观察人员和各种保护生命、做科学观察和操纵用的装置。氢和氧在一条逐渐扩大的管子的狭小端混合，在极高温度下化合成水蒸气。水蒸气的弹性极大，从扩大管口或沿舱的纵向轴线喷出。蒸汽压力的方向跟器械飞行方向恰恰相反。

关于齐奥尔科夫斯基的星际航行计划，后面另有专章做比较详细的介绍。下面先谈谈基巴尔契奇的设计。这是火箭飞行思想发展史中一个最重大的事件，可以把它看做是星际航行的起点，因此值得做比较详细的研究。

10

Chapter

第十章

基巴尔契奇的飞行器

基巴尔契奇还在自由的时候，就有了关于飞行器的想法。当时航空事业还处在萌芽状态。人们会乘气球升上天空，可是一到天空就成了自然力的玩物；当时还没有发明可以操纵的空中飞船，风向哪边吹，气球就向那边飘。基巴尔契奇一直在想，怎样才能完全征服空气，使人类能够按照自己愿意去的方向飞行。

　　"开动这样的机器，用什么力量才合适呢？"基巴尔契奇想道。"蒸汽的力量在这里是不适用的……蒸汽机本身过于庞大，并且使蒸汽机发动必须燃烧许多煤炭。在蒸汽机上不管安上些什么装置，例如翅膀、上升螺旋桨等等，它都不可能使自己飞升天空。"

　　我们要想到，后来解决了航空问题的内燃机当时还没有出世。因此，这位革命家兼发明家就把念头转到了电机上去：

　　"电机把供给它的大部分能量都做了功，可是大的电机又要用到蒸汽机。设使蒸汽机和电机可以装在地面上，而电流却可以用像电报线那样的电线输送到飞行器上，它由一个特别的金属部件，可以说是在电线上滑行，来获取能够使飞行器的翅膀或其他装置运动的力量。这样构造的飞行器至少是很不方便的，价钱也太贵，跟铁道运输比较并没有什么优越的地方。"

　　那么，人类是不是可以完全不用机械能源，像骑自行车那样，靠自己肌肉的力量飞行呢？基巴尔契奇在这方面也动过脑筋。他知道"许多发明家正在研究用人的肌肉力量使飞行器飞行。他们拿鸟类当做设计飞行器的模型，认为一定能够造出一种机器，飞行者用自己的力量就可以使它飞离地面并且在空中飞翔。我想，这种飞行装置即使能够制成，也只能是玩具性质的，不可能有重大意义。"

图18　尼古拉·伊万诺维奇·基巴尔契奇

　　"到底什么力量可以应用在航空上

呢？"基巴尔契奇一次又一次地向自己提出这个问题，最后想到了在他认为是解决这个问题的唯一答案。火药！爆炸物质的力量。"世界上再没有别的物质能够在短暂时间里比爆炸物质发生更多的能量了。"

基巴尔契奇非常熟悉这种物质的作用。他还在参加民意党（1879年）以前，预见到这个党在恐怖斗争中必须使用像炸药一类的物质，就决定研究这类物质的制造和使用。基巴尔契奇在他的供词中写道："为了这个目的，我首先从实际上对化学进行了研究，然后遍读了能够找到的一切有关爆炸物质的书籍。后来，我在自己家里制出了小量硝化甘油，这就用实践证明了自制硝化甘油和炸药是可能的。"基巴尔契奇发明并且亲自制造了投到亚历山大二世马车底下的炸弹。为此他"必须想出许多新的、别处从来没有用过的设备"。他还积极参加了筹划花园街（沙皇要经过的一条街）的暗杀事件。他计算了"为使爆炸首先能够达到目的、而又在沙皇车子驶过时不至于伤害人行道上的行人和邻近房屋所需要的炸药数量"。

基巴尔契奇的自传材料
（摘自基巴尔契奇寄1881年3月21日供词）

姓　名	尼古拉·伊万诺维奇·基巴尔契奇
年　龄	27岁
宗教信仰	正教徒
出身和民族	牧师之子，俄罗斯人
学历	交通工程学院学生
籍贯和永久地址	契尔尼戈夫省，克罗列维茨县，科罗普城
职　业	文艺工作
生活来源	文艺工作报酬
家庭情况	独身，有弟兄二人、姊妹二人
父母经济状况	父母已亡故
受教育地点和教育费用负担者 中途离校未完成学业的原因	起初在交通工程学院，后入外科医科大学，自费1879年因政治案件被捕离开外科医科大学；1871~1873年在交通工程学院，以后转入医大是为了改变专业
曾否出国，何地，何时	否

"可是，怎样才能使爆炸物质点燃后产生的气体的能量进行较长时间工作呢？"基巴尔契奇问道。"这只在一种条件下才有可能，就是如果爆

炸物质燃烧产生的巨额能量能够不在同一时间里产生，而在较长时间里产生。"火箭中的压缩火药就是在这种条件下工作的。基巴尔契奇对火箭会飞的原因认识得很清楚——比现代的某些专家清楚得多，这些专家竟天真地认为，火箭是被它排出的一股气体推着周围的空气前进的。基巴尔契奇明白，周围的介质只会妨碍火箭的飞行，动力其实是在火箭内部压向火箭的气体。

基巴尔契奇向这个方向进行了苦心思索，结果产生了喷气飞机也就是按照火箭原理制造飞行器的想法。这个想法本来应该进一步研究，拟出方案加以公布。但是革命事业占用了基巴尔契奇的全部精力，没有时间做这个工作。三月一日的事件发生了：沙皇被基巴尔契奇的炸弹炸死，基巴尔契奇本人被捕，禁锢在彼得罗巴夫洛夫斯克监狱，被判处死刑。这位革命家在自己一生的最后几天里在干些什么呢？

盖拉尔特（В.Н.Герард）对法官说，"当我被派定给基巴尔契奇做辩护人去看他的时候，首先使我感到惊奇的是，他正在聚精会神地做着另外一件事，一件和本案毫不相干的事。他正埋头于发明一种什么航空器；他渴望给他机会把这个发明的数学方面的研究写出来。他已经把这东西写了出来，呈给了上级。"

这份卓越的文件一直保存到今天。作者用的题目是："前交通工程学院学生、俄国社会革命党党员尼古拉·伊万诺维奇·基巴尔契奇的航空器设计书"。

"我是在监禁中、在就义前几日写这份设计书的，"基巴尔契奇用这句话开始写他的技术上的遗嘱。"我相信，我的想法一定能够实现，正是这个信念在我这恶劣环境里支持着我。

"假使我的意见经过科学专家仔细讨论认为可以实现，我将因能为祖国和人类做出巨大贡献而感到幸福。那时候我将安心地去赴死刑，因为我知道我的思想不会跟我一起毁灭，它将在我准备为他们牺牲自己生命的人类中间留存下去。

"下面是我这航空器的示意图。一个圆筒A，底部有孔C，沿轴装有

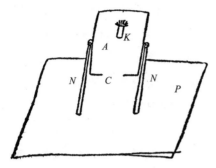

炸药烛K（我这样称呼用压实的
火药制的小圆柱）。圆筒A用立柱
NN固定在平台P的中部，航行的
人就站在这平台上。为了把火药
烛点燃，为了把新的火药烛装到
燃烧完的火药烛位置上，必须设
计一套专用的自动机械……这一
切，现代技术不难解决。

图19　基巴尔契奇根据火箭原理设计的飞行器草图

　　"现在，假设火药烛K已被点燃。在极短一瞬间后，圆筒A中就会充
满灼热的气体，其中一部分将压向圆筒的上底；如果这个压力超过了圆
筒、平台和航行的人的重量，航空器就应该会往上飞升……如果气体向上
底的压力长时期超过航空器的重量，航空器就会在气体压力作用下飞升得
很高。

　　"用这个方法，可以使航空器在空气介质里所处的状况跟停泊的船只
在水里所处的状况一样。用什么方法使我们的航空器向需要去的方向行驶
呢？可以有两个方法。一个方法是加一个同类的圆筒，水平地安装，使底
上的孔不向下而向着一旁。为了使这个水平安装的圆筒可以指向不同的方
向，它应该装得能够在水平面上转动。至于确定方向，可以使用罗盘。但
是也可以只用一个圆筒，只要使它能够在竖直平面上倾斜，还可以做圆锥
形的运动就行了。把圆筒斜放，可以一方面维持航空器在空中停留，一方
面使它向水平方向运动。"

　　这位革命家兼发明家的设计遭到了悲惨的命运。基巴尔契奇要求把设
计送请专家审定，这事得到了许可。已被判处死刑的基巴尔契奇焦急地等
待着别人对他生前的思想作出适当的估价。刑期一天近一天，始终没有回
音。到临刑前两天，基巴尔契奇向内政部长提出了下列请求："根据阁下
的指示，知道本人的航空器设计书已提交技术委员会审查。阁下是否可以
下令允许我跟审查本设计的委员会的任何一位委员在明天早晨以前见一次
面，或者至少在明天以前得到审查我这个设计的委员会的书面答复。"

申请书没有得到回答。基巴尔契奇受骗了：他的设计书一直没有离开警察署的大门，也根本没有人加以审查。不知是哪一只专横而冷酷的手，在他的遗嘱上写下了以下的批示：

"现在将此件提交科学家研究是不恰当的，只能引起一些误会。"

官吏们用官僚方式来对待这份设计：把它封进封套，附到档案里，埋葬在档案室里了。不用说，这个从来没有人提出过的、大胆的、卓越的技术思想就此被人遗忘了。36年中，全世界的人都不知道这个思想，直到1917年的革命才打开了警察署档案室的门，基巴尔契奇的生前思想才和世人见面。

用我们今天的技术语言来说，基巴尔契奇的这个发明应该不叫做航空器或飞行器，而叫做星际飞机，因为这种机器还能在行星际空间的真空里飞行。用我们今天的眼光来看，这是基巴尔契奇的发明最卓越的特点，但是他没有强调这一点。没有强调的原因，看来是在他那个时代人们连在大气里飞行都还不很会，因此也就不会去考虑关于大气层外面的飞行问题。但是，这个设计实质上是星际航行史上迈出的第一步。

现在来向读者介绍一下火箭的力学，火箭运动的条件和由火箭而产生的星际航行的前景。

Chapter

11

第十一章
火箭的能源

火箭是一种特别的装置，许多人对它还不大熟悉。它的运动理论在专家圈子里也有人不了解。火箭的力学还是在不久以前才研究出来的，正因为这样，一些内行的职业焰火技术专家对火箭也常有极错误的见解，对火箭能够在真空里运动表示怀疑，认为火箭的速度在燃烧终了时"不能超出火药气体自火箭喷出的速度"。这个看法对炮弹是适用的，但是对火箭就完全错了；我们下面就可以知道，火箭的速度要比喷出气体的速度高许多倍。

让我们进一步研究一下火箭的运动条件；我们必须掌握这种知识，才能正确理解星际旅行问题。

我们从火箭的能源谈起。这种能源可以是爆炸物质，也可以是燃料。这两种东西的主要区别在哪里呢？这就在：爆炸物质燃烧需要的氧包含在物质本身之内，而所谓燃料，它燃烧需要的氧却是从外界取得的。火药、硝化甘油、硝化纤维都是爆炸物质，石油、天然气、酒精都是燃料。但是，在这两类物质之间是不可能截然划出界限的：同样一种物质，按燃烧条件的不同，可以算做爆炸物质，也可以算做燃料。煤在普通条件下是燃料。可是，把煤的细粉浇上液态氧，然后点燃，它就变成烈性的爆炸物质了。同样，汽油在敞开的空气里燃烧，是一种无害的燃料；而它化成气态跟空气混合，就应当叫它烈性爆炸物质了。

要火箭运动，必须使它内部有些物质燃烧或爆炸，并且使这个反应的气态产物以高速度向一个方向冲出。那么，选用什么样的物质最合适呢？自然是能给自己的燃烧产物以最高速度的物质了。

火箭里某一种物质燃烧后产生的废气，它的极限速度是可以计算出来的。前面我们在计算炮弹速度的最高极限时，已经做过类似的计算了。这里要做的计算完全相同。实际上，燃烧或爆炸产物的最大速度是在燃烧产生的热能全部变成这股喷射气体的运动推力时得到的。我们在第七章里已经求出黑色火药的这个速度（2,400米/秒）；这就是说，火药火箭喷出的气体不能得到大于每秒2,400米的速度。值得注意的是，大炮从来没有达到过这个极限速度的三分之一（专家们认为是永远不可能达到的），新式的火药火箭却已经达到这个最大的初速度了。

但是，火药这东西，特别是黑色火药，还不是贮藏能量最多的物质；它在这方面远远落在燃料——煤油、酒精，甚至木柴的后面。一公斤黑色火药爆炸时只能放出约700卡的热量：这就是火药的"热值"，是衡量火药所储藏的能量的尺度。可是燃料的热值呢，就把燃料的重量和它燃烧所需要的氧的重量一起考虑在内[①]，燃料的热值也要高得多。拿火药来烧火炉毫无疑问是不经济的，拿它来推动火箭就更不经济。

火箭用的能源，最丰富的应该是在纯氧里燃烧的氢。下面试计算一下这种燃烧产物的排出速度。实验求出，1公斤氢在纯氧里燃烧可以产生26,000卡的热（不错，常常有人提出更大的数字，但是他们没有考虑到在高温下生成的水蒸气约有10%会受热分解，使燃烧反应不能进行到底）。

燃烧的产物是水蒸气9公斤。因而每公斤燃烧产物可以得到$\frac{26,000}{9}$也就是2,900卡的热。如果这份热能全部变成了气态粒子前进运动的能，那么每一公斤喷出气体就将具有$2,900 \times 427$公斤米的动能，这是因为1卡的热全部变成机械能时可以做427公斤米的功。另一方面，如果用c表示喷出气体中各粒子的速度，根据力学原理，火箭喷出每公斤气体的推力是：

$$\frac{1}{9.8} \times \frac{c^2}{2} = \frac{c^2}{19.6}\text{公斤米。}$$

因此得：

$$2,900 \times 427 = \frac{c^2}{19.6},$$

从而求得速度c=4,970米/秒。

因此，从氢氧火箭喷口喷出的气体流，它的粒子的极限速度大约是每秒5公里。

通过类似计算，得出另一些燃料燃烧时的喷射速度是：

液态氧和酒精·····························4,400米/秒

[①] 一般手册所列燃料的热值的数字不能直接拿来跟火药的热值比较。应该考虑到：爆炸物质燃烧时用的是本身所含的氧，燃料燃烧所用的氧却取自外界。因此，在讲单位重量燃料的热值卡数时，必须把所需氧的重量加到燃料重量里去。增加的数字是相当大的，比燃料本身重量还要大，例如，1公斤煤燃烧时需要2.2公斤的氧；1公斤石油需要2.8公斤的氧等等。

液态氧和汽油·······················4,600米/秒

　　硝化甘油·························3,660米/秒

　　实际上，到目前为止，人们还只能达到这个理论速度的60％，而氧和汽油还要低，只有2,200米/秒。

　　但是，不管怎么样，对火箭来说，最适用的能源不是爆炸物质，而是像氢、石池、汽油等"和平"的燃料[①]。

　　爆炸物质有一个特点，就是能够在一瞬间几乎把储藏的能全部释放出来，比石油和氧的混合物要快许多倍，但是，下面我们会看到，燃烧时间的延长并不会影响火箭（在没有重力作用的环境里）获得的最终速度。燃烧时间短，这个对枪炮很有价值的特点，对火箭却毫无好处。

　　液体燃料除含有更多的能量以外，跟爆炸物质比较，还有一个优点，就是燃料的燃烧容易调节；而火药一旦爆发，在全部装药烧光以前就无法使它中止。为了使火箭能够平稳地发射出去，燃烧过程必须能够调节。

　　给火箭选择燃料，最好选哪一种呢？前面我们已经看到，在这方面，热值有重大的意义。可是，更进一步研究这个问题，就知道燃料的热值在这里并不是唯一的决定因素。燃烧产物的喷出速度是由一个公式决定的，这个公式里有好几个因数，其中有一个叫做"气体常数"。这个气体常数等于$\frac{848}{m}$，其中m是分子量，因此气体常数最大的是氢，它又具有极高的热值。本来液态氢和液态氧用来作火箭燃料最合适[②]，可惜液态氢太贵了，比重也太低（0.07），需要有大容积的容器装载，这就会大大降低火箭的所谓"横向负荷"，使星际航行机不能很好地克服大气阻力。从能的含量和价格来看，最合适的液体燃料应该是汽油和液态氧的混合物，它比黑色火药还便宜。

　　在星际航行文献里不止一处提到，要用一种具有高度热值而产生的

---

① 现在科学家认为，最理想是利用原子能来作为宇宙火箭的能源，并且已在研究设计中。——译者注

② 更合适的是所谓"原子氢"，因为氢原子在重新结合成分子H_2的时候，每公斤可以产生约100,000卡的热。

不是气体产物而是固体产物（粉状物）的燃料来做火箭的装药。这种方案是完全不能采用的。因为燃烧产物是固体，就不会有任何喷出速度：它只会落在喷口的壁上。只要提醒一句话就够了：这里的"气体常数"应该是零。把燃烧后可以生成固体产物的物质掺合在液体燃料里，认为气体喷出时会随着把固体物质的颗粒也带出去，这也是不切实际的。因为这样拖泥带水，必然会降低气体流的喷出速度（根据能量守恒定律）[①]。

跟燃料有关的一个极重要问题是燃烧的温度：这个温度会不会高到使燃烧室的壁熔化?根据研究，燃烧室里的温度大约在1,500℃–1,800℃。对于这样的温度，人类的技术完全可以做到使燃烧室不至于熔化。

[①] 目前知道，采用锂、铍、硼等固体物质作为普通燃料的附加剂可以增大气体的喷出速度。因为这些固体物质可以跟氧结合而释放出大量的热，它们的燃烧产物虽然一般说来是固体，但是会由于高度沸腾而成为气态从喷口喷出。——译者注

Chapter

12

第十二章

火箭飞行的力学

现在让我们来谈一下火箭力学的另一方面，就是火箭的最终速度究竟是由哪些因素决定的，此外，它跟哪些因素无关，也同样是一个应该研究清楚的重要问题。这些关系的理论推导见本书附录3，本节只介绍一下最后的结果。

通过数学分析，我们知道，在没有重力作用的环境里（为简便起见暂把重力丢开），火箭燃烧后获得的最终速度只是由下列两个因素决定的：

1. 燃烧产生的气体从火箭喷管喷出时的速度；

2. 火箭的原始质量和它最终质量的比，也就是火箭燃烧前质量和燃烧后质量的比。

设用 M_i 表示火箭跟所装燃料一起的原始质量，用 M_k 表示燃料烧完以后的最终质量，那么，火箭在燃烧终了时获得的速度将由下列分式决定：

$$\frac{M_i}{M_k}。$$

决定火箭在没有重力作用的环境里的最终速度的，除了以上两个因素以外，就没有其他因素了。这是一个很值得注意的结果。原来燃烧时间和燃烧方式对火箭获得的速度竟是毫无影响的："燃烧的过程进行得均匀或不均匀，燃烧的时间是几秒钟或几千年——这都是一样的；即使中间有停顿也一点没有关系。"（齐奥尔科夫斯基）另一个应该注意的结论是：火箭的速度完全不像我们想象的那样由燃烧掉的物质的绝对数量决定；它只是由燃烧物质的质量和不装燃料（准确些说，应该是燃料烧完以后）的火箭的质量的比来决定。一个小型火箭，只装几克燃料，可以获得跟一个装着几百、几千吨燃料的巨型火箭一样大的最终速度——只要两个火箭的最终质量和它们的原始质量的比相等就行了。

不少人认为火箭是推开空气前进的，读者必须彻底抛弃这种错误的认识。这个由来已久的见解很是流行，因为从表面看来仿佛很自然，没有问题。虽说还是在牛顿的时代就已经建立了火箭飞行力学的正确观点，可是上面说的这个错误观点直到今天还控制着许多人的头脑，妨碍他们正确地研究火箭飞行问题。

这里还应当提出另一个问题，另一个性质更微妙、容易使人模糊的问题。有些人认为行星际飞行是不可能的，他们常常提出下列论据，说地球上没有一种燃料在它含的能量转变成机械能时，足以使本身飞升到月球上。他们说，1公斤含能量最大的燃料（氢和氧的混合物）只能产生2,900×427也就是1,240,000公斤米不到的能，可是要把1公斤物质从地球表面送到月球上，却需要做出6,000,000公斤米以上的功。因此他们作出结论说，燃料既不能把本身送到月球上，要送一个重物上去就更无能为力了。这就是说，行星际旅行是不可能实现的幻想，一切对这个问题的努力终要遭到失败。

这类见解虽然往往是其他方面的专家发表的，却足以证明许多人对火箭的工作条件完全不了解。他们忘记了火箭不是在全程上始终载着燃料的。火箭还在地球邻近的地方，早在起飞后的几分钟内，就把燃料烧完丢掉了；其余的路程是利用在这燃烧的几分钟里积贮的能量来飞行的。

此外，必须记住，行星际火箭消耗燃料的质量大大超过了火箭有效载重的质量。

现在让我们再用数学语言来说明，以便更明确地掌握火箭的飞行条件。和前面一样，我们用M_i表示火箭的原始质量，就是火箭跟所装燃料一起的质量；用M_k表示燃料消耗完以后的火箭的质量，也就是火箭的最终质量。再用c来表示燃烧产物从飞行火箭（但不是从燃烧地点）喷出的速度。最后，用v来表示在燃料（数量是M_i-M_k）烧完时火箭本身获得的速度。

在M_i、M_k、c和v这四个量之间存在一定的关系，这个关系是俄罗斯科学家齐奥尔科夫斯基首先研究出来的，因此我们有权把它叫做"齐奥尔科夫斯基公式"。

对于一切在真空里和在没有重力作用的环境里飞行的火箭，都适用下列公式（"火箭方程式"）：

$$\frac{M_i}{M_k} = 2.72^{\frac{v}{c}}。$$

这个公式里的各个字母代表的是什么，我们都已经知道。至于它里面的数字2.72，懂数学的人都知道这是自然对数的底数（$e=2.71828\cdots\cdots$）。

现在我们来研究从这个方程式①可以看出的几个问题。

首先，我们可以看到，火箭能够比燃烧产物运动得快许多倍。这一点跟炮弹恰恰相反，炮弹是不能够比推动它的火药气体运动得更快的。实际上，如果我们想使火箭飞行快到喷出气体的10倍，就应当使火箭公式里的 $\dfrac{v}{c}=10$；于是 $\dfrac{M_i}{M_k}=2.72^{10}=2,200$，就是说装载燃料的火箭应该重到没有装燃料的火箭的2,200倍，换句话说，燃料的重量应该等于火箭重量的 $\dfrac{2199}{2200}$。

这在理论上是可能的，实际上当然做不到。但是，如果要求 $\dfrac{v}{c}$ 的比值比较小，$\dfrac{M_i}{M_k}$ 就能得出比较适当的比值。例如，设火箭速度应该等于喷出气体速度的两倍，那么

$$\dfrac{M_i}{M_k}=2.72^2=7.4。$$

这就是说，燃料的重量应该等于火箭重量的 $\dfrac{64}{74}$，也就是87%。

下面是几种个别情况：

火箭速度和气体喷出速度的比（$\dfrac{v}{c}$）	1	2	3	4	5	10
装载燃料的火箭重量和不装燃料的重量的比（$\dfrac{M_i}{M_k}$）	2.72	7.4	20.1	54.6	148	2,200

从这张表上看，再要增加火箭速度，在现实条件下是不行的了，因为第二行的数字增长得太快了。举例来说，如果我们想使火箭速度达到气体喷出速度的20倍，装的燃料的重量就要等于不装燃料火箭的50,000,000倍！我们知道，一桶煤油，油的重量只是桶重的13倍；就拿蜂窝来说，里面的蜂蜜也只有蜡膜重量的60倍。看起来，人类的技术在任何时期也不可

---

① 这个方程式还可改写成：

$$q=Q(2.72^{\frac{v}{c}}-1),$$

这里 q 是所装燃料的质量，也就是 M_i-M_k，Q 是有效载重的质量，也就是燃料消耗完以后的火箭质量 M_k。这个方程式就是说所装燃料的质量 q 等于有效载重的质量 M_k 乘括号里的式子。

能造出一种火箭，使它装满燃料时的重量等于不装燃料时的100倍甚至只是50倍。因此，实际上一般是不会有比燃烧产物速度4倍更大的火箭速度的。由此可见，在发展火箭事业上，设法使气体的喷出速度尽可能大是一件多么重要的事情：这个速度每加100米，就可以大大减轻火箭携带的燃料的重量。

这样就很明确，为了获得极大的飞行速度，必须把火药改用液体燃料。如果说火药用作"地球"火箭的装药还算是有足够能量的话，那么用在宇宙飞行上就完全不合适了。下面两个算题可以说明这一点：

1. 有一个火箭，预备把50公斤重的炸弹用每秒500米的最大速度发射出去。火箭里需要装多少火药？

设火药气体由喷口喷出时的速度是每秒1,000米。如果所求的装药量是x，那么按齐奥尔科夫斯基公式：

$$\frac{M_i}{M_k}=\frac{50+x}{50}=2.72^{\frac{500}{1000}}=\sqrt{2.72}=1.6。$$

这就不难算出，x=30公斤。如果火药气体的喷出速度是每秒2,000米，那么只要装14公斤火药就够了。

2. 如果要把1吨有效载重从地球发射到月球上，火箭里需要装多少火药？

要使火箭飞达月球消耗最少的燃料，它贮藏的能量必须能够产生每秒12,240米的速度（参看附录4）。设火药气体的最大喷出速度是每秒2,400米，代入公式，得：

$$\frac{M_i}{M_k}=\frac{x+1}{1}=2.72^{\frac{12240}{2400}}=2.72^{5.1}=160。$$

从而x=159。所装火药应该是火箭重量的$\frac{159}{160}$；剩下的有效载重只有总重量的0.6%。不用说，这在结构上是不可能实现的。

如果采用气体喷出速度是每秒4,000米的液体燃料，得到的比就要优越得多：

$$\frac{x+1}{1}=2.72^{\frac{12240}{2400}}=2.72^{3.06}=20，$$

从而x=19。所装燃料占火箭总重量的$\frac{19}{20}$，有效载重的比数提高到了5%。

星际航行工作者在星际航行发展的现阶段提出的任务是努力发明应用液体燃料的火箭，读者现在应该明白这是为什么了。只有这种火箭才有前途，没有这种火箭，引人入胜的星际航行就永远不能实现。关于这种发明的努力，在下一章里还要讲到。

现在我们把话头转到反作用运动的力学的后一部分。怎样来计算燃烧产物对火箭的推力呢？要算出这个力，只要知道每秒钟燃烧燃料的数量和气体的喷出速度就行了。计算是根据动力学的基本原理进行的。根据反作用定律，喷出气体每一瞬间的动量（mc）等于火箭本身的动量（Mv），而火箭的动量又等于推动火箭前进的冲量（Ft=Mv）。因此，设t=1秒，火箭受到的推力是

$$F=mc,$$

这里m是每秒钟燃烧的燃料的质量，c是气体流的每秒速度。例如，设有一火箭每秒钟燃烧160克汽油，它的燃烧产物以每秒2,000米就是200,000厘米的速度喷出，火箭受到的推力就是：

$$160 \times 200,000 = 32,000,000 达因 = 约32公斤。$$

火箭工作者就根据这个用下面的分数来表示火箭发动机的特性：

$$\frac{每秒消耗的燃料（公斤）}{气体的推力（公斤）}。$$

比如说，上面那个火箭发动机就可以表示作：

$$"\frac{0.16}{32}型"。$$

下面还要讨论一下重力作用对火箭飞行的影响。前面我们做的各种计算都是假定地球引力对火箭不发生作用的。可是，要提醒大家一声，一切物体在地球引力作用下要以大约每秒10米的秒加速度落向地面。从这里可以直接得出结论：如果火箭在没有重力作用的环境里竖直上升时能够产生每秒40米的秒加速度，那么，它从地面起飞能够产生的秒加速度就只能是每秒30米。还有，如果火箭本身的加速度小于地球引力的加速度，那么这种火箭无论燃烧多久，消耗多少燃料，也不能够从地面上飞起来。最后，

如果两个加速度完全相等，这火箭就会形成一幅不寻常的图画：在整个燃烧过程中它将一动不动地悬在空中，直到燃烧完毕跌回到地面上。

　　从这里可以看出，燃烧的快慢决定着火箭速度的增长，也决定了火箭在有重力作用的环境里的命运——如果燃烧进行得很慢，火箭就根本飞不起来。把这个问题从数学上加以分析（参看附录3），就可以看到，在有重力作用的条件下，火箭竖直上升的速度总比燃烧同量燃料但是在没有重力作用的环境里运动的火箭略低。火箭本身的加速度比重力加速度大得越多，火箭在有重力作用和没有重力作用的环境里飞行的速度差别就越小。可是由于人体只能忍受地球引力三倍以内的超重，过多就会发生危险[①]，所以从地球上起飞必须考虑这个差别。

　　除了重力以外，大气也会阻碍火箭从地面飞升。在这本书里我们不能讨论空气阻力对火箭运动的影响，因为这是一个极复杂的问题。这里我们只能指出一点：火箭克服大气阻力的功比克服重力作用的功要小得多。在火箭重10吨、横截面积41平方米、运动加速度30米/秒^{2}时，爆炸气体对它的压力将是30吨；而大气阻力，根据齐奥尔科夫斯基的计算，如果火箭具有良好的流线外形，只有不到100公斤。德国星际飞行理论家奥柏特认为，从地球上发向无限空间的火箭的速度，在大气阻力下只降低每秒200米。地球上用的火箭，因为大部分路程在大气里，受到的大气阻力就比宇宙火箭大。比如说，向月球发射一个火箭（假定选用了最经济的方案），它的最大速度是在1,700公里高空中获得的，而它获得最大速度的时候已经远远越出大气层以外了。密实的大气层厚50公里，它是用不怎么快的速度穿过的，只是在到50公里高的水平面上才达到每秒1.7公里，也就是大约相当于超远程炮弹的速度。因此，星际航行的反对者时常顾虑什么火箭不能穿越地球外表空气层的说法，是根本站不住脚的。同样，火箭在宇宙航行后返回地球的时候，也完全不是用像陨石那样的速度进入地球大气的密实层的。

　　顺便提一下，大气层的存在不仅不是实现行星际飞行的障碍，相反地，还应该把它看成是一个必要的因素，没有它星际飞行恐怕就永不能实

[①] 参看后面第十七章关于"超重"一节。——译者注

现。真的，如果大气会使火箭从地球上起飞时多消耗一些燃料，那么它也会使火箭从行星际轨道返航时节省大量燃料，使我们几乎不用消费燃料就可以减低火箭的速度（详细情形在本书另一章介绍）。

常常会有人问：火箭在宇宙空间里能不能改变飞行方向？当然能够，而且方法很简单。因为火箭永远是向着跟喷气方向相反的方向飞行的，所以要改变火箭的飞行方向，只要改变气体流的方向就行了。这可以有两种方法：一种方法是把喷口制成能够回转的，另一种方法是在喷口近旁装一个方向舵。这样，火箭驾驶员就能够改变火箭的方向，甚至可以使它转一个180°。

Chapter

13

第十三章

星际航行

速度、航线、航期 ////////////////////////////////////

考虑星际航行的时候，首先需要解决的是速度问题：星际飞船从地球起飞，为了使它能够担负某一种行星际航程，应该给它多大的速度？有关这个问题的一些数据前面已经列出过了。我们知道，绕地球飞行需要每秒7.9公里的速度（指在大气层外面）；如果从消耗的能可以得到每秒11.2公里的速度，星际飞船就可以完全挣脱地球引力的锁链，得到解放。这里说的是从地球引力解放出来，并不是从太阳引力解放出来。如果从地球上用这个速度向地球的周年运动方向发出一个火箭，它就会变成一个独立的行星，不绕地球旋转，而以每秒30公里的速度绕太阳旋转。它就能够毫无阻碍地沿地球轨道离开地球，但是还不能脱离太阳的范围——太阳的强大引力会使它保持在一定的距离上。要使火箭离开太阳，走上更遥远的轨道，必须及时增加它的速度，或者从一开始就用更大的速度把它发射到空中去。如果我们想使星际飞船能够在整个太阳系里自由行动，甚至于完全摆脱太阳的统治，我们就得给它相当于每秒16.7公里速度的能量。速度在每秒11.2公里到16.7公里之间，火箭就能够飞到我们这个太阳系的任何一个行星轨道上。那么，要从地球飞达某一行星，所需的最低速度究竟是多少呢？通过计算[①]，得到下列数据：

从地球飞到	所需最低初速度（公里/秒）
水星	13.5
金星	11.4
火星	11.6
木星	14.2
土星	15.2
天王星	15.9
海王星	16.2
冥王星	16.4

---

① 计算方法见书后的附录4。

这里必须说明两点。第一，这里说的"速度"首先是星际飞船的贮备能量的尺度，其次才是运动快慢的尺度。第二，不要以为星际飞船离开地球以后一直会保持原有的速度；不是的，它在路上的速度是按开普勒第二定律变化的：星际飞船离引力中心越远，运动就越慢。

未来的星际航行家不只要从地球上启程。在访问一些别的行星的长途旅行中，他还要从这些行星上起飞。要摆脱这些行星的引力，需要多大的速度呢？只要知道了行星的半径和它表面上的重力强度就可以计算出来[①]。计算结果见下表：

行星	必需的初速度（公里/秒）
地球	11.2
月球	2.4
火星	5
金星	10.3
水星	3.7
木星	60
土星	85
天王星	22
海王星	24
冥王星	4.9

最困难的是从太阳表面（太阳光球）起航，假如有这个必要，需要的速度是每秒61.8公里。可是从月球表面起飞，却只要每秒2.4公里的速度，这个速度跟120公里远程炮射出的炮弹速度差不多大。

宇宙飞船最容易起航的天体是小行星和行星的小卫星。例如，要想离开火星的一颗卫星（我们已经知道的最小卫星之一）的表面，只要给火箭每秒20米的初速度就行了。从这里可以明白，将来把这类小天体当做一种方便的码头和中间站，使宇宙飞船可以短时间停靠，这该有多么重大的意义了。

---

① 附录4中导出了有关的公式，并做了示例验算。

可是，就我们目前所能预见到的各种方法而论，想到木星上降落以后再由木星起飞回航却还是不可能实现。真的，要从木星上起飞，必须有每秒60公里的初速度，等于燃烧氢的火箭的气体喷出速度的12倍大。可是，如果，$\dfrac{v}{c}=12$，那么 $\dfrac{M_i}{M_k}=2.7^{12}=$ 约160,000（见火箭方程式）。当然，想制造一个火箭，要它的重量只有它贮藏的燃料的 $\dfrac{1}{160,000}$，是不可能的。总之，到一些大行星，例如木星、土星、天王星、海王星上去旅行，这还是现代星际航行理论需要解决的问题。

现在，让我们放下速度问题来谈谈星际旅行的航线和需要用的时间吧。宇宙飞船遵循的航线，这是一个很特别的问题。看起来在行星际广漠的空间里，最自然、最合算的道路应该是直线道路。从前俄国沙皇尼古拉一世规定十月铁路路线的时候就是拿一支尺来画一根直线，这个解决路线问题的简单方法难道说在宇宙空间里就不适用？然而在星际航行中，直线飞行恰恰是极少有的例外，合理的路线应该是曲线。直线在几何学意义上说是最短的路线，可是在星际航行的实践中，从消耗燃料意义上说却很不适宜，根本不能采用。

我们已经知道，火箭向着地球轨道的半径方向（更确切些说，是向着地球轨道的法线方向）离开地球时，还保持着跟地球运行速度相同的速度，也就是在跟半径垂直的方向上每秒30公里。从这一点出发，就可以揭开上面的谜了。如果我们想使星际飞船循最短的路线向停在对面的火星飞去，我们首先就得把星际飞船向地球轨道切线方向前进的每秒30公里的速度完全抵消。要抵消这个速度，除了给这个火箭以大小相等、方向相反的速度以外，没有其他的办法。这就是说，星际飞船还在本身开始飞向火星以前，就应该产生每秒30公里的速度，如果是用石油燃料，需要的燃料贮备就要有火箭本身重量的1,500倍。单是这一点，就已经完全不能做到了，何况我们还得有一部分燃料贮备，使火箭能够在飞向火星的轨道上生出极大的速度来；最后，还必须保留大量的燃料用来在火星上降落，因为星际飞船飞近火星的方向是跟火星的运行方向呈直角的，所以它应该取得火星在它轨道上运行的速度（每秒24公里）。把这些因素通统加起来，数字非常巨大；因而，这种飞行是不可能的。

照直线方向向别的行星飞行，不管它是外行星或内行星，也都会有同样的困难。因此，必须放弃这种直线式的航线，另选别的路径。航海家操纵帆船前进的时候，利用了水流和风的作用；这里，星际飞行家也要利用太阳的引力，使他们的飞船按照天体力学定律所确定的路线航行。而这种航线都不是直线：宇宙飞船的天然航线是圆一些或扁一些的椭圆弧线。星际飞船像所有的天体一样，应当按圆锥曲线运行。

让我们先研究一下到邻近行星——火星和金星——的旅行。到月球去的路线比较复杂，后面另行讨论。

要想花最少的能量飞到火星上去，可以采取一种椭圆形的路线，这个椭圆包容了地球轨道而在火星轨道之内，并且在飞行的起点和终点跟两个轨道相切。可以用图20来说明：T是地球的位置，M是火星的位置；椭圆TM是飞船的航线。火箭离开地球时候的速度，必须能够使火箭遵从天体力学定律沿椭圆TM前进。开始的时候积累起来的速度可以把火箭送到M点，如果适当地选定出发时间，可以使这一点就是火星在那时候所在的位置；乘客对火星进行观察以后（不降落），继续乘火箭沿着椭圆路线的另一半回到出发点T。可是他们这时候能不能飞回到诞生他们的地球呢？不能了，因为在这个航线上的整个旅行要用519昼夜，地球早已远远离开它原来的位置了。

因此，星际飞船必须暂时作为火星的一个卫星等待一个时期，然后返航。根据德国星际航行理论家荷曼的计算，飞到火星后的等待时间长达450昼夜，这样全部往返旅程就要花970昼夜。这就是从燃料消费角度上看最经济的航线。要缩短时间，只有提高速度也就是增大燃料消耗量才行。

但是，要做三年时间的宇宙旅

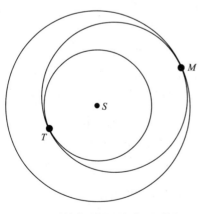

图20 从地球到火星的最合适的航线

行，首先应该为乘客贮备大量的食物。能不能指望将来发明一种药丸，重量很轻，却能使人吃饱呢？这里我们不打算详细讨论，只是直截了当地告诉你，这种幻想是完全不可能实现的。"只要人还是一个人，我们生活的大自然还没有改变面貌，幻想用几片药片就能使人吃饱，这就跟相信有人能够用三个面包给五千人吃饱一样没有根据。"（见查瓦多夫斯基〔Б.Завадовский〕的"人能用药片充饥吗"一文。）一个人一昼夜的食物量，最低限度不能少于600克。对于到火星去的旅客们来说，每位乘客就需要储备半吨以上的食物，因而也就要多贮备好几十吨额外的燃料。

总的说来，实现火星飞行是要碰到许多严重的困难的，这些困难目前还没有找到解决的办法。

不过，不管今后这些问题怎样解决，火星飞行决不会做6000万公里的直线飞行，而要走长得多的弧形路线，并且要利用免费的太阳引力——我们地球航行家的久经考验的良友。星际航行理论家之一文克莱尔说："对于往返火星的旅行，引力是我们十分钟内的敌人，但是在许多年里却是我们的朋友。"

飞到我们的另一个邻居——金星上去的时候，也可以用类似的方法让太阳为我们服务。这里也要走椭圆曲线的道路，这个椭圆要外切于金星轨道，而内切于地球轨道。走这种椭圆路线，单程航行要花147昼夜多些，走一整圈要花295昼夜。至于不消耗燃料回到地球上来，只能是两年多以后的事情，因为要作为金星的卫星等待470昼夜。

顺便提一下，荷曼工程师提出了一个设计，可以花比较短的时间到金星去旅行（不着陆）并且回到地球上来：只要在途中稍为多用一点燃料，飞行的总时间就可以缩短到1.6年。这位研究家还提出一条航线，可以在一年半里飞近火星和金星（800万公里以上）。这个问题的另一位研究家，德国的皮尔克工程师还拟出了航线，把到火星的飞行缩短到192昼夜，把到金星的飞行缩短到97天；但是这些航线都要多花很多的燃料。如果想进一步缩短到金星去的路程，可以选择跟地球轨道和水星轨道相切的椭圆。这条路线一共只要花64天，可是，当然就更不经济了。

现在让我们来谈谈到月球去的旅行，并且来讨论下面两个方案：第

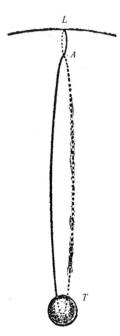

图21 从地球T飞到月球L的最适当的路线。转折点在地球和月球引力相等的一点A

一个方案是飞到月球上去着陆；第二个方案是飞到月球轨道的外面，目的是去观察我们看不到的月球"背面"[1]。（读者大概已经知道，月球绕地球转，总是用一面对着地球；它的另一面我们始终看不见。）

飞到月球上去着陆，最经济的办法是儒勒·凡尔纳草拟的计划。为了节省燃料，火箭应该先沿扁长的椭圆曲线飞行（图21），这个椭圆的一个焦点跟地球中心重合，离地球最远的一点在两个天体（地球和月球）的引力相等的地方（为简便起见，我们假定月球是固定不动的）。火箭沿这个椭圆从地球飞到A点这段旅程，是靠开始一段时候燃烧燃料获得的速度飞行的，路上不再需要消耗燃料。到达A点以后，自由的火箭本来将顺着这个椭圆的另半边返航。但是驾驶员这时候可以短时间开动爆炸机构，给火箭一定的速度和方向，使星际飞船改变航路，顺着另一个比较小的椭圆前进，飞到月球上面去。当然，月球在它的轨道上绕地球旋转的运动会改变火箭路程的形状，但是总的说来，这条路线还是S形的，转折点A大约在离月球中心40,000公里的地方。

对于上面的简单介绍，让我根据我的计算（见附录4）补充一些细节。火箭从地面上升，起初速度不大，在路上速度逐渐增高，起飞后6分钟达到最高速度——每秒9,780米（相对于地球说）。这时候，火箭早已把整个大气层远远地抛在后面，因为它已经是在约1,700公里的高空中了。在大气层的密实部分（在30公里高度以内），火箭是用有节制的、不超过每秒1.3公里的速度飞行的。因此，大气阻力会使星际飞船船壁熔化的顾虑

---

[1] 苏联在1959年10月4日发射的第三个宇宙火箭上的自动行星际站已经摄得月球背面的照片，并通过无线电传真送达地面；苏联科学院特成立委员会，为月球背面的寰形山和"海"命名。从此，月球背面对我们来说，已不再是谜了。——译者注

就可以打消。等到星际飞船的速度积累到每秒9,780米，也就是飞到1,700公里高度时，驾驶员就可以把喷气发动机停下来，让飞船在惯性作用下飞行，并且在地球引力作用下逐渐减低速度。这样，星际飞船到达地球和月球的引力相等的这一条线时速度接近零。从这里开始向月球降落。到离开月球表面约90公里的地方，火箭应该把喷口调转来对向月球，重新开始燃烧燃料。气体从喷口向月球喷出，它的反作用使降落变慢，在一分钟里把火箭的速度从每秒2,300米降低到零。

这种旅行要花多少时间呢？计算的结果，得出下列数字。火箭从地球飞到引力相等的一点要花4.1昼夜。然后，从这里开始向月球降落。这个降落如果只是受到月球的引力作用，要花大约1.4昼夜（33.5小时）。但是火箭同时还受到地球的引力作用，使降落变慢，计算告诉我们，地球引力会使火箭降落到月球上的时间延长一倍，因此整个旅行时间应该是：

4.1+2.8=6.9昼夜。

因此，如果想在最节省燃料的条件下飞到月球上去，需要整整一个星期的时间。在这七天七夜的旅行中，火箭一共只有7分钟是在气体推力作用下飞行，其余时间都是在惯性作用下前进。

如果技术条件允许我们不必那么节省燃料，飞到月球去的时间还可以缩短。例如，如果使星际飞船在1,666公里的高空获得每秒10公里的速度，它就会在43小时后以每秒1,500米的速度到达引力相等的那一条线，然后在6小时内从这里飞到月球，全部航行只要两昼夜就够了。

不过，头几次飞行还不能贸然在月球表面上降落，只能在极近距离上环绕月球飞行一周或几周，对月球进行详细的观察。这种观察性的绕月球飞行，只要另外消耗不多的燃料。

关于飞到月球轨道外面去观察地球上看不见的月球背面，荷曼在《天体可以到达》一书（柏林1925年出版）里提出了详细的方案。他草拟的路线见图22，图中R表示火箭，L表示月球，相同的脚码表示火箭和月球在同一时刻的位置。火箭在R_0点飞离地球，经过R_1、R_2，R_3各点，再回到出发点R_0。起飞的时间要适当选择，使在整个旅程中火箭跟月球间的最小距离大于月球轨道的半径的一半；这样，月球对火箭的引力将不超过地球在同

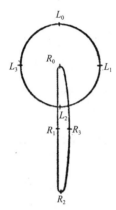

图22 飞到月球轨道外面
的路线（荷曼设计）

一时间对火箭引力的$\frac{1}{20}$，因而也就不会显著地改变火箭的运动。对月球"背面"的观察（这是我们旅行的目的）可以在R_2点进行，这时候月球正好在L_2点。当然，必须选择起飞时间，使月球在L_2点时恰恰是在新月期（这时候月球背面有阳光照耀）。

荷曼提出的航线就是这样的。下面看一下实现这条航线的条件。火箭以每秒11,200米的速度离开地球，到达距地球表面40,000公里的地方，根据计算，这时候火箭的速度已经降到每秒4,350米。荷曼做过这样的计算：这时候火箭只要通过燃烧把速度增加每秒110米，就已经足够使它沿一个椭圆飞行，这个椭圆的最远一点R_2的距离正等于月球轨道的直径（800,000公里）。到达这个最远点后再回到地球上来，火箭应当再增加一点速度（每秒90米）。这就是说，除了起飞时的爆炸把火箭送上星际航线以外，在整个旅程中还要进行两次时间极短、花费燃料不多的爆炸。航期据荷曼的计算是30昼夜。设计人还算出，乘客要随带2,800吨的火药和约3吨的必需物品。我们从上一章已经知道，如果用汽油（和氧气）来代替火药，燃料的负担就会减轻许多。

在宇宙空间里航行，驾驶员要有在太空里辨认方向的能力，也就是说，要能够在旅行的每一时刻确定火箭飞船的位置。怎样做到这一点呢？宇宙飞行员怎样知道他的飞船是在正确的航线上，没有离开规定的路线，没有落后，也没有远远地飞到前面去呢？

在宇宙空间中确定方位，实际上并不是一个很复杂的天文学问题。火箭飞船的整个航线都是事先计算好的。同时，事先还算出了旅途中每一时刻的下列各值：（1）地球和要飞去的行星的角度；（2）地球和要飞去的行星看去应该在哪些恒星之间。飞行的时候，驾驶员可以测出地球的角度和地球在恒星间的位置。假使发现地球的视大小比事先计算出的大，这就是说，飞船离地球还不够远，也就是飞得太慢了。假使看到地球不是在事先算定的这些恒星的附近，这就是说，必须相应地改变飞行方向。这种根据天体位置确定方位的方法还有一个便利条件，就是大气层外面的空间永远是明晰的，所有的星即使在阳光下也都能看得清清楚楚。

有一个极重要的问题——降落问题，我们直到现在几乎还没有谈到。关于火箭在别的行星上降落以及有关这方面的困难，我们将在以后几章里一起讨论。

14

Chapter

第十四章
齐奥尔科夫斯基的设计

前面已经就一般性的问题做了讨论，下面谈一下星际飞行的具体设计。为此，我们特地选择俄罗斯科学家齐奥尔科夫斯基的设计来介绍，他在理论探讨方面，不仅在时间上、还在全面性和多样性上走在其他同行的前面。

把他的很有意思的研究内容加以详细介绍，这是科学性论著的任务，不是通俗书籍的责任。我们只能把齐奥尔科夫斯基一些著作[①]里描绘的征服宇宙空间的一般景象介绍给读者。这个简单的介绍能够帮助读者想象出、至少是感觉到大气层外面飞行的未来发展的主要轮廓[②]。

行星际火箭将从地球某处山地射出。发射场上应该有平直的跑道，跑道有10°~12°的坡度。火箭放在汽车上，汽车以尽可能大的速度飞驰。火箭这样起动以后，在装载的燃料发生爆炸的作用下，开始独立起飞。速度逐渐增高，起飞的陡峭度逐渐减小，火箭的飞行路线变得越来越平缓。穿过大气层以后，火箭采取水平方向飞行，并且在距离地球1,000~2,000公里的地方开始绕地球旋转，就像一颗卫星一样。

根据天体力学定律，在速度每秒8公里的时候就可以做到这一点，我们前面也已经谈过。这个速度是逐渐达到的：适当控制爆炸，使每秒加速度不至于超过我们所习惯的地球引力加速度（每秒每秒10米）太多。

有了这样的预防措施，燃料爆炸时火箭里产生的人

图23　"星际航行学之父"齐奥尔科夫斯基（1857~1935年）

---

① 主要是《用喷气器械来研究宇宙空间》一书，1926年出版于卡卢加。
② 这一章从本节以下的文字经齐奥尔科夫斯基本人看过，并且有部分补充。

造重力就不会使乘客受到伤害。

　　行星际旅行的第一阶段，也是最困难的阶段——使火箭变成地球的卫星，就是这样子做的。现在，要想使火箭远远离开地球，飞到月球或更远的地方——太阳系的别的地区，只要增加一些爆炸，把原来火箭的速度提高一半到一倍就行了。齐奥尔科夫斯基写道："这样，我们就能够飞到火星轨道和木星轨道之间的小行星上去降落，这些小行星上重力很小，降落到它们上面并不困难。到达这些小天体上以后（它们的直径从400公里到10公里以下），我们就可以取得关于宇宙飞行的丰富的原始资料……"

　　这个行星际旅行的第一阶段，决定性的阶段，在齐奥尔科夫斯基的研究中已经详细讨论过的，让我们来比较详细地谈一谈。

　　前面我们讲过，火箭最初是由汽车带着起动的。其实任何运输工具都可以担负这个任务，例如机车、轮船、飞机、飞艇等都行。甚至于火药发射或电磁发射的大炮，如果要把大炮造得很长（为了减小炮弹里的人造重力）也不会使成本太高的话，也可以使用。但是上面讲的各种工具（除了大炮）都不能指望达到每小时700公里（每秒200米）的速度。原因是，轮缘或螺旋桨末端的圆周速度不能超过每秒200米，否则旋转部分就有折断的危险。可是这一点却非常重要，火箭还在地球上起动的时候要使它得到尽可能大的速度，因为这样可以大大减少火箭上需要贮备的爆炸物质的数量。

　　齐奥尔科夫斯基建议再用另外一个火箭代替汽车或别的什么车辆来起动。他把这个辅助火箭叫做"地球火箭"，用来区别行星际航行用的"宇

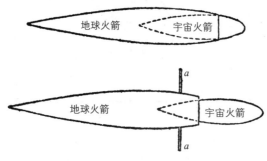

宙火箭"。宇宙火箭应当暂时装在地球火箭里面，地球火箭起动时并不离开地面，只给宇宙火箭提供适当的速度，并在必要的时刻把宇宙火箭放开，使它独自在宇宙空间飞行（见图24）。

图24　齐奥尔科夫斯基的火箭的示意图：上，宇宙火箭脱离地球火箭前的情形；下，脱离时的情形

地球火箭在爆炸作用下，沿着润滑得很好的跑道很快地滑行（它是没有轮子的）。在速度极高的情况下，摩擦（已因润滑而减弱）消耗的能量减小很多。至于空气阻力，只要把火箭造成极长的流线形，就能减小到最小限度。假使我们能够制造出一个火箭，它的长度等于粗细的100倍，空气阻力就会小到根本用不着考虑。可是地球火箭的长度实际上不能超过100米，而它的粗细至少应该有好几米，因此火箭的长度一般只是粗细的20~30倍。即使这样，地球火箭运动时总的阻力也只要消耗火箭运动能量的百分之几罢了。

这样，装着宇宙火箭的地球火箭飞速地在为它准备的跑道上滑行。到应该放出宇宙火箭的时刻，就把它放到宇宙空间去。怎样放法呢？齐奥尔科夫斯基提出了一个最简单的方法：只要把地球火箭煞住——这时候宇宙火箭就在惯性作用下从地球火箭里脱出，同时开动爆炸机构，开始独立地以逐渐增高的速度前进。至于怎样把地球火箭煞住，这很简单，只要跑道的末端部分不是润滑的就行了；摩擦阻力加大，用不着额外消耗能量就能使辅助火箭的运动慢下来，终至停止。还有一个更好的办法，就是从地球火箭内部伸出跟火箭垂直的制动板，这板在高速度下造成极大的阻力，火箭很快就会停下来。火箭前面部分露出的钝角面，也能够帮助达到这一点。

我们已经看到，用地球火箭来为宇宙火箭提供初速度能够大大减轻宇宙飞船的载重：宇宙飞船里可以少带很大一部分的贮备燃料。

前面说过，要克服太阳引力，也就是说要在整个太阳系里自由飞行，火箭应该具有每秒近17公里的速度。为了使一个静止的火箭取得这样大速度，如果应用的燃料是氢，携带的贮备燃料必须是火箭其他部分重量的30倍（应用石油的是70倍）。但是，如果宇宙火箭从地球火箭的起动已经获得每秒5公里的速度，这个比例就可以减小到三分之一，携带的爆炸物质（氢和氧）的重量只是没有装燃料的火箭的10倍。为了取得每秒5公里的速度，地球火箭得在地面上滑行25公里，加速度是50米/秒^2。这时候火箭内部的重力要增加到5倍（50÷10）；在这个时间内，乘客应该浸在水里，否则他们会受不了这么大的重力[①]。总的说来，要在地球上取得这个速度是会碰到许多困难的。不过速度也可以比这小一点。

　　下面举几个数字，帮助你获得一个概念，然后结束地球火箭的讨论。地球火箭的重量应该在50吨上下，其中40吨是燃烧用物质的重量；如果加上装在地球火箭里面的10吨重的宇宙火箭，这个装备齐全的地球火箭重60吨。当然，地球火箭可以造得再轻一些，但是那时候好处就没有那么大。起动需要多少时间，这是跟跑道的长度有关的。至于爆炸，它的进度应该使由于速度增加而产生的人造重力不至于太大——从地球上重力的 $\frac{1}{10}$ 起，最大到10倍。如果加速度比地球加速度高得太多，根据齐奥尔科夫斯基的意见，乘客必须浸在水里，来避免被加大的重量压伤。如果加速度不超过每秒30米，人造重力就不至于使人受到伤害。这种没有危险的人造重力，宇宙火箭里的乘客当然是可以忍受的。当地球火箭在比较短的路程上急剧煞住的时候，人造重力要猛烈得多。从大小上看，它对我们身体危险得多；因此必须设法使地球火箭中的爆炸做到自动控制，不用人直接插手。但是对于宇宙火箭里的乘客，这个急煞车却不会带来伤害；因为就在煞住这一刻，他们就一点不减低既有速度地乘着宇宙火箭脱离地球火箭了。

　　规定作行星际飞行用的宇宙火箭，尺寸应该不很大。齐奥尔科夫斯基认为，这种火箭长约10~12米，直径1~2米。为了向地球或其他行星降落时能够顺利滑翔，也许必须把几个这种雪茄烟式的火箭肩靠肩地连结在一起。它们的外壳可能是用适当厚薄的钢（钨钢、铬钢或锰钢）制成的，按照齐奥尔科夫斯基的计算，100立方米的火箭，外壳的重量不超过1吨（650公斤）。

　　关于燃烧物质，很可能会采用石油，因为它的价格低廉，而且燃烧产生的气体从喷管射出时速度相当大——约每秒4公里。当然，不燃烧石油，而燃烧纯净的液态氢（燃烧产物的喷出速度可达每秒5公里不到）要好得多，但是这东西太贵了。火箭上助燃和呼吸用的氧可以取自液态氧。

———————————

① 关于人能够忍受超重的耐力，可以参看本书第十七章"超重"一节。——译者注。

采用液态气体而不用压缩气体是完全可以理解的。压缩气体必须装在密闭的厚壁容器里，容器的质量要比所盛气体的质量大好多倍；如果携带这样的氧气，那就等于给火箭增加死载重，而我们知道，对于行星际火箭，每多一公斤死载重是多么不利。液态气体对容器壁的压力就比较小得多（按一般习惯，可以把它装在敞开的容器里）。液态氧的低温（约-180℃）可以用来对爆炸管的灼热部分进行连续冷却。

火箭的一个极重要的部分是爆炸管（喷管）。在齐奥尔科夫斯基的宇宙火箭上，这个喷管应该有近10米长，狭窄部分直径8厘米；重约30公斤。燃料和氧用100马力以内的航空马达打入喷管的狭窄部分。在喷管开始部分的温度达3,000℃，往后越接近末端开口地方温度越低。前面已经说过，管子的倾斜部分是用液态氧冷却的。管子呈圆锥形，承口角在30°以内；这样，会使管子的长度缩短许多倍，并且仍旧能够很好地利用燃烧的热量。

也许会叫人惊奇，这种在宇宙太空里飞行的宇宙火箭还装有舵：调整高低的水平舵，调整方向的竖直舵和侧翼稳定舵。我们不应该忽略，第一，火箭在降到地球上时必须在大气中进行无爆炸的滑翔，跟飞机一样；其次，就是在大气层外面，在太空中，也要有舵来操纵火箭的飞行，因为：气体流从喷管迅速喷出，碰到舵叶上，就会改变喷射方向，使火箭转弯。因此，舵都直接装在爆炸管的喷口旁边。

至于火箭客舱里的各种必需装备，我想不用一一讲述了。幻想行星际飞行的小说家们在这方面写得已经很多，而且一般都相当正确。我们只要记住，在密闭的客舱里面必须备有呼吸用的氧气（氮不必要），压力等于 $\frac{1}{5}$ 或 $\frac{1}{10}$ 气压。窗子是用石英做的，并且有普通玻璃做的保护层；这样，一方面具备了足够的坚固性，另方面可以保护旅客不受太阳紫外线的伤害，并且可以对外界进行观察和在操纵火箭时辨认方向。

有了上面讲的这些条件，宇宙飞船就可以出发飞上它的行星际航线了。第一个阶段是作为一颗卫星绕地球旋转。第二阶段是飞到太阳系里别的行星世界去旅行。这两个阶段我们都已经讨论过了。再下一个阶段是在别的行星上降落，这个阶段并不简单，要比想象的困难得多。火箭是以巨大的宇宙速度飞驰的，而行星又以另一种速度向另一个方向运转，要火箭直接降落到行星上，这就等于使火箭去受致命的撞击和不可避免的毁灭。怎样避免撞击，怎样降低速度，才能安全降落到行星上呢？不要忘记，飞回到我们地球上来也要碰到同样的困难。因此，必须找出解决的办法。

这里有两条路。第一条是机车驾驶员在煞住疾驶的火车时常用的办法：打开"回汽阀"，就是说，叫机车倒退。火箭也可以"打开回汽阀"，只要把爆炸管的喷口转过来对向行星喷气就行了。这时候，这个新的、方向跟以前相反的速度就会跟原有速度抵消，逐渐把原来的速度降低到0（当然，这只是跟行星相对来说的）。但是，这样做会得出使人失望的结论。比如说，假定把火箭送入天空所需燃料的质量等于火箭质量的 $\frac{9}{10}$，那么，假定是向地球或某一重力和地球相等的行星（例如金星）降落，为使火箭停下来，就要再花所余质量的 $\frac{9}{10}$ 的燃料，两次加起来消耗燃料的总质量是 $\frac{9}{10}+\frac{1}{10}\times\frac{9}{10}=\frac{99}{100}$。剩下来只有原始质量的1%了。这就是说，必须使火箭外壳的质量不超过火箭装药后质量的1%。制造这样的火箭已经相当困难（我用相当困难这个词，目的是为了不说"不可能"），可是还得从到达的行星上起飞，又要花掉火箭剩下质量的 $\frac{9}{10}$，而且还得在地球上降落，又得花掉所余质量的 $\frac{9}{10}$。总起来看，星际飞船出发做星际航行时如果有10,000公斤质量，回来的时候就只剩1公斤了……

这真是一个使人失望的结论，如果这些大行星上恰恰没有可作制动用的大气层，我们简直就没有希望去访问。现在我们来讲降低星际火箭速度的第二个办法。根据齐奥尔科夫斯基的设计，火箭可以环绕行星作逐渐收小的螺旋线飞行，每飞一圈总要穿过行星的一部分大气层，因此每飞一圈就会减小一部分速度。火箭运动的高速度有了足够的降低，如果为了安全，选用海面（不是陆地）作为降落地点，火箭就可以向行星表面作滑翔降落。这种利用大气制动作用的想法，德国行星际飞行研究家荷曼工程师

　别莱利曼趣味科学作品全集　**行星际的旅行**

也曾经提出来详细研究过，但是他要比齐奥尔科夫斯基晚。不过，上面讲的办法只能使问题的解决比较容易一些，却还不能真正解决向行星特别是大行星降落和再起飞的问题。

这就是齐奥尔科夫斯基描绘的征服宇宙空间的远景的轮廓。实践无疑会给这幅图画带来一些或大或小的修改，因此，我们不应该把这里勾划出来的概况看成是有绝对意义的。这只是一个草案，一个方向性的计划，可以参照着走向现实的成就。齐奥尔科夫斯基写道："我向来不曾妄想一下

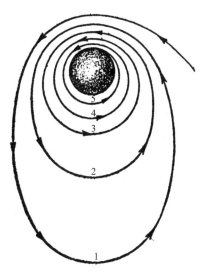

图25　火箭飞船从星际航行中归来时利用地球大气制动的螺旋线路径

子把问题完全解决。开始的时候，走在前面的难免是思想、幻想或童话。然后跟上来的是科学计算。只有到最后，实现以后，思想才告完成。我在宇宙旅行方面做的各种计算，只属于创造的中间阶段。我比任何人都清楚，在理想和现实中间是隔着一条深渊的，因为在我的一生中，不仅想过、算过，而且还用这双手来做过。但是，没有理想是不行的，因为理想是现实的前驱，幻想是精确计算的前驱。"

对于预备性的实验，齐奥尔科夫斯基认为现在就可以着手进行，不要把它推延到遥遥无期；因为这种实验可以为进一步工作扫清道路，在他的"宇宙火箭。实验的准备"短文里讲到了这一点。

1929年，齐奥尔科夫斯基提出了一种很普通的喷气发动机的想法。这个设计很实际，值得注意。下面引用作者的原文来介绍一下它的要点：

我从1895年起就研究喷气器械。只在今天，在工作34年以后，我才在它的系统上得出了很简单的结论。大家可以看到，其实简单得很：这种发动机已经老早发明出来了，只要略加补充就行了。

爆炸式（内燃式）发动机同时也就是喷气式发动机。只是现在并没有

利用喷出气体的反作用力：这些气体都白白地丢掉了。

原因是很合理的：由于燃烧的燃料数量少、运动机构的速度小以及大气压力的关系，这些气体的作用太弱了。

对于在稀薄的大气层里做高速飞行的、用圆锥形喷管向后面喷气的飞机，一切情况就完全不同了。齐奥尔科夫斯基计算出，1,000千瓦的发动机每秒钟喷出的蒸汽和气体达5.6公斤——这个数量已经足够获得比较大的速度了。

一个1吨重的宇宙火箭，如果每秒钟喷出燃烧产物5公斤，也就是比上面提到的发动机的少一些，它在800秒钟里就可以得到每秒8公里的速度。由于现代的1,000千瓦的发动机只重半吨，把它装到这种火箭上是完全可能的。这些想法给创造在稀薄的大气层和大气层外面飞行用的喷气发动机开辟了道路①。

---

① 这方面较详尽的内容见齐奥尔科夫斯基著的小册子《新式飞机》中"喷气发动机"一文。

Chapter

15

第十五章

人造月球

地球外面的航行站 ///////////////////////////////////

现在我们来讨论一个大胆的设计，这个设计对于没有思想准备的人一定会觉得非常奇怪，但它却是从现代星际航行计划合理推断出来的。这里要谈的正是关于创造人造地球卫星，用来当做下一步宇宙旅行的出发站。建造了这种地球外面的航行站，能够大大减少星际飞行的困难，看来这是星际航行的一个必经阶段。

真的，我们前面已经看到，只是为了飞到宇宙空间去，宇宙火箭就要带这么多的燃料。如果我们想使这个宇宙飞船能够回到地球上来，备用的燃料就要更多；至于再要在行星上降落，这次飞行需用的燃料数量的惊人就更不用说了。但是，上面讲的只适用于从地球表面直接起飞。如果星际飞船不是从地球起飞，而是从地球外面的航行站，从环绕地球自由运转的一个卫星（它可以离地球不很远，但是必须在大气层外面）上起飞，情形就完全不一样了。

举一个具体的例子来谈一下。我们想把一个应用石油的火箭发送到月球轨道上去做往返侦察飞行。如果这次飞行直接从地球上起飞，就要有每秒约11公里的初速度和重量等于不装燃料火箭的120倍的燃料贮备（石油和液态氧）。现在假定火箭不是从地球上出发，而是从距地心40,000公里绕地球运转的一个卫星上出发，这时候这些数字就完全不一样了[①]；初速度（相对于地球外面的航行站）只要每秒1公里，燃料贮备量还不到不装燃料火箭重量的一半。差别是非常大的！如果说，我们不能够——恐怕永远不可能——建造出一只重量只有所带燃料的百分之一的星际飞船，那么，我们完全能够建造出比所带燃料重一倍的星际飞船。对于其他行星际航线，也可以得出类似的关系。

从这里可以清楚地看到，设立地球外面的航行站为星际航行开辟了广阔的前途。这个意见是齐奥尔科夫斯基最早提出的。当然，人造月球不会跟天然的天体一样由岩石构成，它将跟现代技术的一切产物一样是一个金属结构。它将由陆续发送出去绕地球运转的火箭的各个部分集合而成。我

---

① 详细计算见附录5。

们已经知道，这种绕地球飞行并不需要经常消耗燃料：人造月球将跟天然的月球一样，根据开普勒定律和牛顿定律运转。

在这个星际基地上，说得正确些是在它里面，生活条件完全不一样，有点像在潜水艇里的情形。但是跟在潜水艇里又不同，这里可以广泛利用太阳光这种免费的能量（太阳光线可以透过玻璃和石英制的窗子射进来）。在这种情况下，要栽培植物是完全可能的；而有了植物，就可以通过它的生命活动给人们补充呼吸消耗掉的氧气，一般地说，这里会产生地球上见到的物质和能量的循环的缩影。由于这里没有重力，就使得这个小小的世界具有非常神奇的面貌（参看下一章）。

齐奥尔科夫斯基把这种行星际航行站里的生活情况作了如下的描绘：

站上必须有特别的住所——又安全又光亮的住所，里面有必需的温度，有再生的氧气，有食品经常供应，对于生活和工作都很方便。这些住所和一切附属用品应该打成包由火箭从地球上运来，运达后在空中把包拆散并装配起来。住所应该是不透气的，但是能够透过光线。它的材料应该是镍钢、普通玻璃和石英玻璃……房间里充满氧气，密度等于大气的 $\frac{1}{5}$，还有少量的二氧化碳、氮气和水蒸气。这里还将有不多的肥沃湿润的土。在这些土上播下种子，在太阳光照耀下会长出富有营养的块根植物和其他植物……

这里各种工作都要比地球上容易做。首先是因为可以用很弱的材料来建造无限巨大的建筑物——建筑物是压不坏的，因为这里根本没有重力。其次是人在这里可以随便用什么姿势工作，因为这里没有上下，也不会跌倒。各种物件不管它的质量和尺寸多大，只要花一点点力气就能移动。运输真是一些不花费什么……

这种地球外面的航行站已经拟出了结构草图，它分成三部分：设有日光发动机的装置，操作工场，住室（因为在旋转，所以有人造重力）。

上面的问题就谈到这里，下面来谈谈人造卫星在天文学上的一些基本问题。人造卫星绕地球一周需要多少时间，是由它到地心的距离决定的

（开普勒第三定律）。如果这个地球外面的航行站建造在离开地球表面相当于地球直径的地方，那么它的绕转周期只有$7\frac{1}{3}$小时；这个航行站将追过地球的自转，从西方升起，在东方落下。为了使航行站恰好在24小时内绕地球一周，只要把它设在一定的距离上就行了。这个距离从地心算起是地球半径的6.66倍（离地球表面约35,000公里）。这样的人造月球将永远停在地球赤道一个固定地点的天顶上，这对星际航行来说是非常方便的。那时候这个地球外面的航行站就像是悬在一座无形的35,000公里高的山峰顶上。远程航行的星际飞船在这里补充了从地球飞来途中所消耗的燃料以后，就将从这座无形高山的极峰起飞，继续它的星际旅行。

前面已经说过，从这里出发是很方便的。在这样的高度上，扯断地球引力的锁链比在地球上容易得多，只要用$\frac{1}{6.66^2}$也就是$\frac{1}{44}$力量就行了。另外，这个地球外面的航行站本身已经有每秒3.1公里的圆周速度，为了使圆变成抛物线，只要稍增加一些速度（1.3公里）就行了。这个航行站如果设得近一些，跟地面尽可能接近，就更加方便。

但是，尽管它离地球比较近，这个地球外面的航行站本身的建设和把它从地球上运来却存在巨大的困难。为了达到离地球这样的距离并且永远在这个距离上绕地球运转，火箭必须用每秒10.5公里的速度射出。这种火箭已装石油跟不装石油的质量比是13.5。为了使火箭能够用附加的爆炸进入自己的圆周飞行路线，也就是进入航行站的结构中，这个比值应该增加到15。由于火箭不再飞回地球，在站上不必再用燃料，这个比值就是最大的了。由此可见，设置一个地球外面的航行站虽然是一件困难的事，但是比起直接发射星际飞船去做行星际航行并且使它飞回来，毕竟比较容易实现。（将来运送装备物件的火箭可能不用人驾驶。）

正因为这样，设立地球外面的航行站将成为星际航行发展史中不可避免的一个阶段。问题的中心一定会转移到这里来。问题全在怎样完成这一步。这个问题如果获得解决，其余就都是比较容易的事情了。行星际航行的地球外面的基地——这是在星际航行活动家面前的一项最主要的技术和天文学上的任务。

16

Chapter

第十六章

宇宙飞船上的生活

现代的天文学家一定在羡慕地想象着，未来的宇宙航行者可以通过行星际飞船的玻璃窗看到宇宙的秘密。现在用望远镜所收集到的微弱光线模糊地显示出来的东西，今后将十分清楚地呈现在宇宙旅行家的惊奇的目光前面。谁能够料得到，那时候我们关于宇宙的知识将要扩展到多么广阔，人类的智慧将从宇宙深处揭露出多么新奇的秘密！

不只是在宇宙飞船外面才有这些不平常的新奇事情。在飞船内部，未来的宇宙旅客也可以看到许多不平常的现象，这些现象在旅行的最初几天引起旅客们的注意和惊奇，恐怕一点不比船舱外面展开的宏伟景象差。

未来的宇宙航行者在星际飞船内部感觉到的一切，恐怕是任何人连梦里也没有经历过的。这种情形真很奇怪。简单地说，就是星际飞船的内部没有重力：船里的一切物体都失去了自己的重量。万有引力定律在这个小天地里好像失去了作用。只要略加思索，就可以相信这个结论是无可争辩的，虽然对于飞船里看不到我们在地球上习惯了的各种重力现象这一点我们是很难想象的。

首先，为了简单起见，假定星际飞船（或者儒勒·凡尔纳的炮弹）在宇宙空间里自由落下。外界的引力对飞船和对飞船内部的物体应当同样地起作用，因此，引力一定会使它们产生相等的移动（因为一切物体不论轻重都以同样的速度落下）。所以，星际飞船里的一切物体跟飞船墙壁的相对关系应该是保持静止的。如果座舱地板用跟物体完全相同的速度在"落下"，难道物体还会"落"到地板上吗？

其实，一切落体都是没有重量的。伽利略早在他的不朽著作《关于两门新科学的对话》里面就对这个问题做过生动的描述：

我们不让肩负着的重物落下来，肩头上才会感到重。但是，如果我们和我们背上的重物用同样的速度在一起往下落，那么，重物又怎么能够压得着我们，使我们觉得重呢？这就好像我们要想用长矛去追刺一个人，而他却在前面跑得跟我们一样快。

这个问题本身很简单，但是却使人很不习惯，使人感到意外，以致即使懂得了道理，也不愿意接受。让我们在这个问题上多花一些篇幅吧。假设我们现在正置身在儒勒·凡尔纳的炮弹里面，正在宇宙空间里落下。你正站在座舱地板上，从手里丢下一支铅笔。自然，你一定以为它会落到地板上。儒勒·凡尔纳当时也是这样想的，他并没有把自己的想法想透。可是，实际上要发生的却不是这么一回事——铅笔将悬在空中，一点也不向地板接近。跟地球相对来说，铅笔在引力作用下当然会往下落，可是飞船本身也受到引力在做同样的移动。比如说，地球引力在一秒钟内使铅笔向地球接近1米，那么炮弹也将接近1米：铅笔跟座舱地板之间的距离并没有改变，因此，在座舱里是看不到物体落下的现象的。

这种情况不只发生在正在落下的星际飞船里面，而且在它向上升起以及在惯性作用下在引力场中向任何方向进行自由飞行时都有同样情况。炮弹向上飞行，实质上也是在落下，因为它的飞行速度在地球引力作用下一直在减少一个定值，这个值正是炮弹假如没有给它向上运动应该在这段时间里减小的速度。当然，飞船中一切物体所发生的情况也都完全一样。你大概还记得《环游月球》那部小说，小说里的旅客看到窗外的那条死狗在宇宙空间里一直随着炮弹前进，根本不向地球落下去。这位小说家指出，"这东西静止不动，就像炮弹一样，因而也就是说，它也在用同样速度向上飞。"但是，假使物体在炮弹外面看去是静止的，那么它在炮弹里面又为什么不是静止的呢？奇怪的是，我们可以跟真理靠得这么近，却没有碰到它，从它旁边绕过去了……

现在，关于在行星际飞船内部不可能看到物体落下这一点，我想已经很清楚了。如果物体在飞船座舱里不会落下，那么它们也就不会施压力到它们的支点上。简单地说，就是星际飞船里面的一切物体都变成完全没有重量了。

严格地说，这件有趣的事实我们是毫不应该感到意外和新奇的。例如，物体在月球上并不被吸向地球，而是吸向月心，对这样的事实我们就感到一点不奇怪。那么为什么星际飞船里的物体就应该向地球降落呢？自从火箭停止爆炸、只在地球或其他天体的引力作用下改变它的路径的时候起，它就已经变成一个小小的行星，变成一个独立的世界，有它自己的重力（虽然很微小）了。飞船里面恐怕只有物体间的相互吸引和飞船四壁的吸引作用。但是我们已经知道，微小物体相互间的引力是多么微不足道，这个引力所能产生的运动是多么缓慢而无法察觉。至于飞船四壁的引力影响就更难察觉了：天体力学证明，如果飞船是真正的球形的，这个外壳的引力就等于0，因为它任何一部分的引力都会被这个直径另一端部分的反向作用力所抵消。

未来宇宙飞船的旅客用不着向窗外望，可以根据完全失去重量这个现象准确地确定他们是不是在地球外面运动。按照儒勒·凡尔纳的说法，这种疑虑曾经使炮弹里的旅客在宇宙飞行的最初几分钟内感到惶惑不安，这对于未来的星际飞船旅客是毫无意义的。

"尼柯尔，我们可是在飞着吗？"

尼柯尔和阿尔唐面面相看，他们没有感觉到炮弹的运动。

"真的，我们究竟是在飞着吗？"阿尔唐重复说。

"会不会是一动不动地停在佛罗里达的地面上？"尼柯尔问。

"还是在墨西哥湾的海底下……"米协尔加了一句。

这一类的怀疑，对于自由行进的星际飞船的旅客们是根本不会有的。他们要想确定自己是不是在运动，根本用不到向座舱窗口望：失重的直接感觉马上会使他们知道，自己已经不再是地球的俘虏，而变成一颗没有重力作用的小行星上的居民了[①]。

无论在火车里、轮船甲板上、甚至在气球吊舱中或在飞机座位上，重力都跟我们寸步不离，我们对它已经非常习惯了，我们跟这个不可排除的力量已经融合在一起，以致很难设想如果没有它会发生些什么事情。为了帮助读者想象乘客在星际飞船里"没有重量"的生活是怎样过的，让我试把这种生活的特殊情形做一些简单的描绘。

你试着在宇宙飞船的座舱里迈一步——却像羽毛一样缓缓地向天花

---

① 他们感到失重以后，只能做出两种假设：或者认为飞船是在太空中自由飞翔，或者认为地球忽然失去了吸引它们的能力。在理论上两种假设都说得通，但是实际上选择哪一种是没有疑问的。

板飞去：两脚肌肉使出的那一点点力量已经足够使你没有重量的身体得到显著的前进速度。你向天花板飞（这里不能说"向上"飞：在没有重力的世界里，是没有上下之分的），撞到天花板上——而反作用力又会使你的身体重新回到地板上。这样缓缓的落到地板上，一点也不沉重；你感到一个相当轻的撞击，可是这个撞击已经足够把你再一次推向天花板，等等。如果你想停止这个身不由己的、无尽止的往复运动，因而抓住了一张桌子，这也无济于事，因为桌子也是一点没有重量的，很容易就跟你一起飞走，不停地被天花板和地板推来推去。不管你抓住什么东西，都会缓缓地、永无尽止地运动起来。书橱将在空中飘浮，并且一本书也不会散落；装盛粮食和餐具的箱子也会"底朝上"地在空中倒悬，里面装的东西却不会掉落。一句话，在宇宙飞船里面，如果事先不把一切用品用绳索或螺丝钉固定在地板、墙壁或天花板上，就将出现一片混乱景象，不可能安静地生活。

　　还有，在这个没有重力的世界里，许多家具也将是多余的东西。请想想看，如果你可以毫不费力地在空中任何位置上悬着，椅子还有什么用处呢？桌子也一样没有必要，因为放在桌子上的各种东西，只要轻轻碰一下或者吹一下，就会像羽毛般飞走。最好是不用桌子，而用特制的有夹钳的台子。你也用不到床铺了，因为你一分钟也躺不稳，只要稍微动一动，就会飞走；弹簧床垫会把你像皮球一样抛到天花板上。

图26　在没有重量的情况下的液体。左边瓶子里盛的是水，右边瓶子里盛的是水银

要想安安静静地睡觉，不在座舱的各个角落里做身不由己的旅行，你必须用皮带把自己绑在睡觉的地方。在没有重量的地方，床垫也是多余的东西；你睡在硬的地板上，也会感觉是软的：因为你的身体既然已经一无重量，对地板就没有压力作用了，你也就不会有硬的感觉了。

　　真的，你一举一动都会有意外的、不平常的事情发生。你想倒点水喝，提起没有重量的水瓶向没有重量的杯子里倾倒，可是水并不流出来……没有了重力，也就没有使液体从倾斜的容器里流出来的原因。你用手敲敲瓶子的底部。想敲出一点水来，可是又一件意想不到的事发生了：瓶子里面飞出一个颤抖的大水球，在空中跳动。这不是别的，而是一个巨大的水滴——在没有重力的世界里，液体是呈球形的。这个大水滴如果撞到地板或舱壁上，就会散成一个薄层顺着地板或舱壁流开来，流到各处。所以只好不用玻璃或其他硬的容器携带液体，而改用橡皮容器，以便把液体挤出来。

在行星际飞船上，喝水也不能像我们习惯那样做。想用嘴唇吸水是很不简单的事：水如果不沾湿杯壁，就会聚成球形，这时候你就不能把这个水丸子弄到嘴里——只要稍稍一碰，它就会飞走。如果液体沾湿在杯壁上，它就会贴在杯壁各处，你就要饱尝坦塔罗斯的痛苦，长时间去舐这个容器了[①]。

在没有重量的环境里，喝水吃饭都得十分小心，因为很容易噎着。

用没有重量的食物来烹制膳食，又会碰到不少意想不到的困难。想把水煮开，恐怕得煮一整天。原来，锅子里的水在正常条件下烧热得比较快，只是因为底下的水烧热后变得比较轻，被上面的冷水排挤上升；这种搅拌是自动进行的，直到全部水煮开为止。可是你试过从上面烧水吗？不妨试试看：把一些烧红的炭块放到装满水的锅盖上。你会发现这样做是永远没个完的，因为烧热的一层水会停留在上面，热只能通过水传到下层去——大家知道，水的导热能力是很低的；我们可以把容器上部的水烧沸，同时底部却可以保持冰块不融化。在宇宙飞船没有重量的世界里，烧水的时候也不会产生这个有用的搅拌作用，因为已经烧热的和没有烧热的水层都一样没有重量；因而不用特别的搅拌器，要想用普通方法把全锅水烧开是相当困难的。在没有重量的厨房里，想用没盖子的锅子炒菜也是不可能的，因为油热了产生的有弹力的蒸气立刻就会把炒的东西抛到天花板上去。由于同样的原因——受热部分缺少搅拌，座舱里也很难用什么加热装

① 坦塔罗斯是希腊神话里的一个富有的国王，是宙斯的儿子，因杀害自己的儿子，被天神打入天狱受惩罚。他站在大湖中央，湖水深齐他的下颔，他却焦渴着不能有滴水沾唇，他俯身就水，水就退去，脚下只剩一片焦干的黑土。——译者注

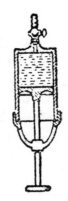

图27 火箭飞船用的瓶子。在没有重力的环境里用的水瓶，瓶壁要用皮革（左）、橡皮（中）制成，或者在瓶子里加装一个活塞（右）

置来取暖。

我们打开面袋或米袋也是有危险的：只要轻轻一碰，大米、白面就会飞散到空中。

在宇宙飞船的座舱里，连普通的火焰也点不着。火焰燃烧时产生的不能燃烧的气体——二氧化碳、水蒸气等等，都不能像地球上那样由于温度高而自行排散。这些气体仍旧会留在原来的地方，留在火焰的周围，使空气无法跟火焰接触。火焰就会被本身燃烧的产物熄灭掉。儒勒·凡尔纳在他的炮弹车厢里面安装了煤气灯，实际上会使他小说里的主人公处在黑暗里。

在未来的行星际飞船里，必须装用电灯，就是厨房里也必须全部采用没有火焰的电气炉灶。

所有这些生活上的不方便都是新奇的、不平常的、出人意外的，但是实质上却并没有害处，也不是故意为难；它们迫使未来的宇宙航行家改变许多根深蒂固的老习惯。可是，单是这一些是不会使我们放弃到神秘的宇宙深处去旅行的。为了研究我们这个小小的地球，人们忍受了更多的艰苦——想想极地探险家的艰苦生活吧！当然，我们在进而研究大宇宙的时候，决不会在这些艰难面前裹足不前的。

17
Chapter

第十七章

星际航行有危险吗？

谈到宇宙空间的飞行，外行人一般都以为有无穷无尽的危险，会给宇宙航行者带来死亡。他们想象着会碰到在宇宙空间里大量飞过的流星，宇宙空间的严寒，人体不能忍受的高速度，失重的害处，起飞时超重的害处，星际飞船以高速度穿过大气层时难免会熔化，致人死命的宇宙线和能够破坏火箭飞船预定路线的太阳光线的压力，以及许许多多别的危险；他们以为这些危险中只要碰到一种，就足以使宇宙航行事业不可能实现。那么，让我们来研究一下，看看这些危险到底有多么大的现实性。

会碰到流星吗？

宇宙空间里有许多坚硬的石头在迅速飞驰，星际飞船很可能碰上一块，许多人认为这是未来火箭飞船的最严重的危险。流星以每秒几十公里的速度向地球袭击，每昼夜有成百万的数量。由于地球周围有一层空气"盔甲"，才使我们不至于受到这种天体轰炸的伤害。可是在大气层外面飞行的星际飞船，有什么东西保护它呢？我们的火箭飞船会不会受到流星雨的袭击，流星击穿它的薄薄的外壳，击毁它的机器，漏掉了贮存的燃料和空气呢？

对这个问题做进一步研究，就可以看到在这方面的担心是完全没有根据的。人们忘记了：对巨大的地球来说，流星虽然像密雨，但是对于表面积只有地球百万万分之一的星际飞船，这些流星就显得很稀少了。德国的著名天文学家格拉弗曾经就这个问题这样说过：

关于流星方面的危险，几乎可以不必考虑。即使是在流星很密的区域，也要在平均一百立方公里里面落到一颗质量在1克以下的碎屑，而一百立方公里的体积已经是我们很难想象的了。至于跟比较大的流星直接相撞的危险，却是不会有的。

这段话可以在许多别的天文学家那里找到证实。例如，梅耶尔在《彗星和流星》一书里写道："对于1866年狮子座流星群，已经获悉它的最密部分坚硬碎屑之间的间隔是110公里。"根据流星天文学专家牛顿教授的意见，在流星群中，相邻流星间的距离还要大：约500公里。看了这些以后，读到奥柏特教授的下列计算就不会感到意外了，他肯定地说："火箭要在宇宙空间里旅行530年，才会碰到一颗流星……从这个观点看，乘宇宙飞船旅行无论如何不比坐汽车危险。"哥达尔教授根据他自己的计算也得到了类似的结论。根据哥达尔的计算，火箭在从地球飞向月球期间，跟流星相撞的可能性大约是一亿分之一[①]。

宇宙空间的严寒 //

许多人认为，未来宇宙航行家将要遇到的另一个危险是宇宙空间惊人的严寒——达-270℃。这样的严寒一定会透过宇宙飞船的金属壁，把乘客冻坏[②]。

但是，这些顾虑只是由于普通的误会产生的。当物理学家谈到"宇宙空间的温度"的时候，他知道得很清楚这是什么意思。可是广大群众对这句话的认识却很模糊。所谓宇宙空间的温度，是指一个绝对黑体[③]被遮蔽了太阳光、离开行星很远时所具有的温度。可是星际飞船在任何情况都不会被遮住太阳光。相反地，它不断地沐浴在太阳光里，不断地受到太阳光线的加热。计算告诉我们，一个用导热物质（金属）制的球，在离开太阳15,000万公里的类似条件下，应该具有12℃的温度，而火箭形的物体甚至在29℃。如果火箭的一面涂黑，另一面光亮，那么星际飞船的温度将在+77℃至-38℃之间，视火箭的哪一面对着太阳而定。现在我们不难看出，

---

① 当时，苏联发射成功了三个人造地球卫星和三个宇宙火箭，已经查明，流星的危险性没有以前估计的那么大的意义。——译者注

② 现在已经探知，空气温度并不是离地面越远越低。在11公里以下，空气温度平均离地面每公里降低6.5℃；在25公里高度时，温度大约是-56.5℃。从25~30公里高度起，温度开始逐渐上升；在40~50公里高度时，接近0℃。这里是臭氧层，能吸收紫外线，并能挡住地面反射上来的热，所以温度比较高。在80公里高度，温度再降低到-70℃~-80℃；到了电离层，温度又重新升高。在200公里高度时，温度达200℃；在300公里时，温度竟上升到1500℃。但是不必担心，人们在这样环境里不但不会烧坏，甚至连热也不会感到。我们感到热，是因为外界空气的分子运动得快；在这种高度上空气很稀薄，空气分子极少，我们的身体就不会感到热。——译者注

③ 绝对黑体就是能够吸收射在它身上的一切光线的物体。

火箭飞船的乘客只要使飞船用不同的面对向太阳，就能随意调节舱内的温度——从西伯利亚的严寒到撒哈拉沙漠的酷热。

过高的速度

星际飞船在宇宙空间飞行的速度很高，这也使很多人觉得可怕。可是，人体是能够适应任何速度的，原因很简单，就是人一般不会感觉到什么速度。难道我们感觉到我们的身体每秒钟要跟地球一起移动30公里，跟太阳一起还要加上20公里吗？对于我们的身体，可怕的不是速度的大小，而是速度的变化，从一个速度到另一个速度的转变，也就是力学上所谓的"加速度"。我们对加速度的感觉就像增加或减小了重力。关于这个作用的效果以及完全没有重量的情形，现在我们就来做专题讨论。

失重

常常有人顾虑，以为把动物移到没有重力的环境里，后果会很严重。但是，这种顾虑实质上没有任何根据。让我提醒大家，水生动物，也就是占地球75%的动物，几乎都是没有重量的——它们的生活条件跟失重情况非常近似。鲸是一种用肺呼吸的哺乳动物，它就只能在水里生活，在水里它身体的巨大重量减小到零。在水外面，它就会被本身重量压坏。如果系统地研究一下，我们身体究竟有哪些机能会因为失重受到严重破坏，那么就会发现，其实失重不会造成什么有害结果，我们的机能完好无损[①]。

奥柏特写道："失重不会使我们身体受到任何危害。一切生活过程不管我们的身体直立或横卧都照样进行，单就这个事实已经可以证明，我们跟植物不同，并不是只能适应一定方向的重力的。"

根据奥柏特的研究，失重对人会产生有害的心理作用。在初期，特别是突然进入失重条件时，会本能地感到恐惧。但是脑子和外部感觉器官的

---

① 大家知道这个事实，把人倒悬是会致命的；这个事实使很多人糊涂，从而作出结论，认为有适当方向的重力作用对我们身体有重大意义，但是，如果一个因素在向一定方向作用时会产生有害的结果，我们无论如何也不能得出结论，认为没有了这个因素也会产生有害的结果。

机能活动却非常强，思想清晰，很合逻辑。时间仿佛过得慢了；产生了特别的、不知道痛的感觉和淡漠的感觉。随后，这些现象就会消失，接着发生的是新鲜的感觉和对生命现象的高度紧张的感觉，就像神经中枢的兴奋作用。最后，经过了一段时间，心理状态就回复正常，虽然人仍旧处在没有重力的环境里。

失重对生理没有危害，这个意见也得到齐奥尔科夫斯基的支持。他说：

我们在地球上落下或者做简单的跳跃，当两脚还没有接触到地面时，我们的身体、衣服以及身上一切对象也都是处在没有重力的环境里的，但是这种现象最多只持续半秒钟，在这段时间内，我们身体上各个部分并不互施压力，大衣并不使肩头受到重量，怀表也不会加重衣袋的负担。在地球上洗澡时，身体的重量在水的浮托作用下也几乎消失了。这种失重可以持续很长时间。由此可见，要想证明失重环境并没有危害，不一定要做什么专门实验。

物体在自由落下的时候，是没有重量的；因此，人从高处落下来是处在失重状态中的。但是落下本身并不带来任何伤害。例如，延迟跳伞的飞行员在从飞机跳下到把降落伞打开这一段时间内，一般要自由落下几百米。他们在落下这一段时间里一直头脑清醒，但是在这段时间里他们都是失掉体重的。又如表演"肉弹"的杂技演员（他们被当做炮弹从弹簧大炮[①]中发射出去），在被发射出后约有4秒钟处于失重状态，却一点没有什么痛苦的感觉[②]。

这里再指出一种错误的想法（是对本书的一些批评所提出的），有人认为行星际飞船内部的没有重量的空气仿佛不应该有任何压力。假定这个想法是正确的，那么飞船内部的许许多多现象当然就不会像第十六章所说的那样了。可是，实际上在这种条件下，空气压力跟它的失去重量是完

---

① 它无论如何不是火药大炮，观众看到的烟只是一种效果罢了。
② 参看本书著者的《趣味力学》。——译者注

全没有关系的。重量当然是使空气在地球表面附近受到压缩并向周围施压的一个原因。但是这种被压缩的空气即使在密闭的座舱里变成没有重量的时候，也应该完全保持它的压力。要知道，压缩的弹簧在没有重力的环境里并不会丧失它的弹性，怀表从地球上移到月球或最小的小行星上时走得并不变样。压缩气体也和弹簧一样，当它的重量减小或完全失掉的时候，不应该丧失它的弹性（当然是假定气体在密闭空间里的）。空气只在这一个条件下才会失去它的弹性，就是在它的温度降低到绝对零度（−273℃）的时候；如果温度比绝对零度高，一切气体无论有没有重量都应当具有弹性。

图28　人可以头朝下倒悬着喝水

因此，空匣气压计在飞行的宇宙飞船上指示的压力跟起飞前所示一样。（至于水银气压计，对宇宙飞行是完全不适用的，因为这种气压计是靠水银柱的重量来测量空气压力的，而水银柱的重量在没有重力的环境里却等于零。）

许多人还以为在没有重力的环境里不能够吞咽食物。这也是完全错误的。吞咽这个动作完全不是由于重力作用才发生的，食物是由食道肌肉的收缩作用推下去的。天鹅、鸵鸟、长颈鹿都把颈子垂下来喝水，杂技演员也能够头朝下倒悬着喝水。喝进去的水由于食道肌肉的作用能够很快吞进胃里，只要几分之一秒就够了。固态的食物移动得比较慢，大约需要8~10秒钟，视所吞食物块的大小而定，但是无论如何不是因为重力作用才吞下去的。

超重 //

相反地，重力的增加，一般说来，如果超过了一定限度，对人是有严重的危险的。动物能忍受超重的限度一般都相当大，这一点可以从齐奥尔科夫斯基的实验看到。

齐奥尔科夫斯基写道："我用各种动物做过实验，把它们放在特制的离心机上，使它们受到超重作用……我使螳螂的重量增加到300倍，使小鸡的重量增加到10倍，并没有发现实验给它们带来什么危害。"1930年列宁格勒民用航空研究所的实验也证实了这一点[1]。

人类能够没有困难地承受两倍的超重。飞行员在急剧降落（"俯冲"）时，根据计算，要承受三四倍的人造重力；还有过这样的情况，飞行员在作这种俯冲时受到七倍的重力（就是以每秒70米的秒加速度飞行）却丝毫不受损伤——当然，时间只是几秒钟。我们已经举过一个例子（当然这是少有的）：有一位消防队员从25米高处跳落到一块张开的帆布上；这个人撞到帆布时受到的加速度要比正常加速度高24倍。大家知道，人们从高处跳水时并不会受到任何伤害，而根据奥柏特的计算，如果从8米高处跳下，人体就要受到4倍的超重[2]。这位科学家还认为，人在从头到脚的方向上能够不受伤害地承受每秒60米的秒加速度（6倍体重），在横的方向上能够承受每秒80~90米的秒加速度（8~9倍体重）。"问题全在于他是否能够持久地承受这个作用，就是至少承受200~600秒……在作战时候曾经有过这样的事情：飞行员用约每小时216公里（每秒60米）的速度循着直径不超过140米的螺旋线绕了四圈，他在29秒钟内承受了每秒51.5米的秒加速度，丝毫没有受损伤。这件事情说明人也能够持久地承受类似程度的超重。"

麦克司·瓦里叶也发表了同样的意见。他在一篇"医学和星际航行"的文章中写道："可以认为人能够在几分钟以内承受3~4倍的超重，特别是当他的身体跟作用力垂直的时候。因此，出发的时候应当躺在柔软的垫

---

[1] 见雷宁（Н.А.Рынин）著《喷气飞行原理》一书中"加速度对动物的作用"一章（第353~356页）。曾用螳螂、蜣螂、牛虻、苍蝇、鲫鱼、青蛙、黄雀、鸽、乌鸦、鼠、家鼠、兔、猫作了试验。其中昆虫能够毫无损伤地承受2,000倍的超重，蛙能承受50倍，猫20倍（时间是在1~2分钟内）。

[2] "肉弹"落到网上时，身体的重量等于平时的15倍，却毫无痛苦的感觉。参看本书著者的"趣味力学"一书。（中国青年出版社出版译本第60页。——译者注）

子上（床上铺上好的软垫），好使身体有更多的面积能够得到支点[①]。人体对于超重的实验，可以用特别建造的转塔来做，转塔转得很快，能够使离心力比正常的重力强度增高好几倍。在做加速度很大的飞行以前，必须先进行实验，否则很危险，大家知道，超重会使心、肺和其他执行生命机能的器官活动困难。"

1928年在布列斯拉夫尔曾经做过使人经受离心力作用的实验，这个实验很有意思；这里让我提醒大家，由离心力产生的压力跟由重力产生的压力是完全相同的。承受实验的人按照一定的进度进行自我观察。实验是在转塔上做的，实验的人的重心距旋转轴2.3米。当每分钟转24转时，离心加速度和重力加速度的合加速度等于23米/秒^2，就是正常重力加速度的2.3倍。这时候，心脏、呼吸器官和大脑都工作正常。身体感觉和思维都跟正常条件时一样。只有身体对外壁的压力感觉比较显著。手和脚好像重得多了，但是还可以控制。头侧向时，两颊的肌肉显著地下坠；头如果不用手支撑，就抬不起来。

在转塔转得比较快时，加速度达到正常的4.3倍。但是在这种条件下，心脏和呼吸器官的活动也都没有失常现象；知觉和感觉一切如常。四肢显得特别沉重，但是仍旧可以动作。觉得衣服重得多了。越来越感觉到身体对外壁的压力。由于转塔的设备限制，没有能就更快的旋转速度来进行观察。

大气的阻力 ///

有时还会听到一种顾虑，认为火箭飞船用宇宙速度飞行，它在起飞和飞回地球时穿过大气层，应该碰到跟流星一样的命运：它的运动能转变成热能时，必然要把整个星际飞船烧红、熔化甚至变成蒸汽。这种想法猛然看来像是非常严重，可是实际上我们前面已经指出过，这是很少根据的。

事实上，行星际火箭通过大气层浓密部分时，用的完全不是宇宙速

[①] 根据目前研究，如果起飞时坐在一只后背能放倒的圈椅上，采取半卧的姿势，可以忍受自己体重10~12倍的重量。——译者注

度。我们已经知道，星际飞船做月球旅行时，是在1,666公里的高空也就是已经飞到了大气层外面，才获得它的最大速度（也就是宇宙速度的）；空气层的密实部分火箭是用较小的速度穿过的。例如，火箭在向月球起飞时，在1公里高度上速度是每秒250米（相对于地球说），在2公里高处，速度是每秒350米，5公里处是每秒550米，10公里处是每秒770米，15公里处是每秒950米，20公里处是每秒1,100米，30公里处是每秒1,350米。由此可见，火箭的速度是在空气浓密的地方小，在空气稀薄的地方大。

向地球返航降落时，火箭走的是严格计算出的螺旋曲线，起初速度高时是在大气最稀薄层，以后才逐渐地、随着速度的降低而穿过较密的大气层。因此，在降落时同样可以避免外壳熔化的危险。

宇宙射线和紫外线

有人还常常把具有致人死命的有害作用的宇宙射线列入星际航行可能遇到的危险中。但是，他们把这种射线的有害作用过分夸大了。研究宇宙射线的权威柯尔赫斯忒教授认为，跟宇宙射线有关的顾虑是没有任何根据的。

这种想法已经被匹卡德教授证实，他在1931年曾经做过一次著名的高空飞行，上升到了16,000米。这次飞行的目的是研究在不同高度上宇宙射线强度的变化情况（地球的大气对这种射线有强烈的吸收作用）。匹卡德证明，在16公里的高空，宇宙射线的辐射强度比9公里高处大，但是不管在什么高度，都没有达到危害人体的程度。匹卡德上升到16公里高度，已经是把地球大气的质量的90%留在下面了；因此再往上升，宇宙射线的辐射强度也只能增加10%了[1]。

瑞根纳尔教授在1932年用探测气球装了记录宇宙射线辐射强度的仪器，放到20公里的高空，得到的资料也跟上面说的结果符合。

总之一句话，报纸给这种射线加上了一个骇人听闻的"死光"名称是

---

[1] 根据目前考察的结果，知道宇宙射线的强度在高空增加很多。在大气下层宇宙射线比较少的原因，不仅在于地球大气的作用，还受到地球磁场等等的影响。——译者注

没有任何根据的：把它的作用跟库里奇的"电子炮"的射线作用看成一样是不对的。

至于在极高的高空，在紫外线的作用受不到大气密实层削弱的地方，星际飞船的金属壳和窗子上的厚玻璃可以保护飞船乘客，使他们不至于受到紫外线的伤害。

光线的压力

有人认为光线的压力也会妨碍星际航行。他们说，作为一个天体，星际飞船当然是个小东西；既然这样，它的运动会不会受到太阳光线推斥作用的破坏呢？这个因素会不会把天文学家的一切计算推翻，把精密计算出来的星际航线打乱呢？

其实一点都不用担心。一个质量5吨、受太阳光照射的面积是50平方米的火箭，在光压作用下应该产生0.000,004厘米/秒^{2}的加速度。在一昼夜里，星际飞船速度的改变还不到每秒2毫米。这并没有太大的意义，甚至不会有多大妨碍，为弥补各种各样不能预见的速度上的小量损失，星际飞船是要携带一定的备用燃料的。

迷路的危险

我们能不能确信，向月球射出的火箭一定会到达月球，而不会方向瞄偏了，在宇宙空间里迷路——或者跟迷路一样危险，它竟落到了一个原本不想降落的行星上呢？月球在天空中只是一个很小的"靶"（从地球上望去，月球的视角只有半度），因此向它发射火箭，是很容易射偏的。

这种顾虑跟前面各种一样，也是毫无根据的。首先，向月球发射火箭，我们的"靶"并不像一般人想象的那样小。月球是一种特别的"靶"：它能够吸引向它飞去的炮弹。要使火箭到达月球，只要把它射过月球引力大于地球引力的界限就行了。这个界限是一个球面，它包围着月球，大约距离月球中心40,000公里。这就是说，我们的"靶"其实并不是直径3,500公里的月球，而是一个直径80,000里的球形。这个"靶"从地球上望去，视角是11.5°，等于月球的23倍。如果说"射击月球"就相当于从相距115米处射击一个直径1米的圆靶，那么射击界限球形就相当于从5米处射击这个直径1米的圆靶。这里射偏的可能性是比较少的[①]。

至于说在宇宙空间里迷路，我们必须注意，火箭离开大气层以后是处在没有摩擦的自由环境中，跟其他天体一样。大家知道，天文学家预告日月食和其他天空现象是多么准确。火箭的运行也能够用同样的天文准确度事先计算出来，没有一点点偏差。至于因偶然性错误（在有经验的计算家笔下只能是极微小的错误）而产生的没有预见到的后果，星际飞船驾驶员也能够及时校正——他掌握有足够的备用燃料。

关于火箭会被其他行星吸引这一点，根本不必去考虑：由于各个行星离地球都极远，它们的吸引作用小到几乎不存在。火箭的质量极小，这也没有什么关系；因为移动值的大小只决定于吸引物体的质量，而不决定于被吸引物体的质量。

[①] 苏联发射的人造地球卫星和宇宙火箭起飞后，都由自动控制设备来操纵，准期进入预定的轨道，显示出高度的准确性。在1959年12月发射的第二个宇宙火箭，直接击中月球，已经把带有苏联国徽的标记送到了月球上。——译者注

Chapter

18

第十八章

结束语

现在，我们已经看到，星际航行这个问题在今天可以说已经解决了——即使不是全部，至少也是极大部分。说解决了，当然不是说技术上已经解决了，而是说在力学和物理学方面已经解决了：在现代科学的宝库中，已经找到了物理学和力学原理，可以作为建成未来星际飞船的根据。这个原理就是反作用定律，而星际飞船的雏型就是火箭。发现反作用定律的牛顿也曾经预言，如果人类有一天能够在太空中飞行，那么只有应用根据这个原理制成的飞行器。现在已经无可怀疑，人类一定会有一天能够跟其他行星来往，开辟人类历史上新的"宇宙"的时代，并且利用巨型火箭——解决行星际旅行问题的唯一工具——来实现这一步。

天才的牛顿为人类发现了把我们吸住在地球上的那个巨大力量的作用定律，而且又指出了另一条自然定律，使人类根据它可以挣脱重力的锁链，从地球俘虏中解放出来，进入到宇宙太空，到无边无际的世界里去。

附录

1. 引力 //

本书第二章所举引力作用的例子，可以根据牛顿定律和初等力学做一些简单的计算来验证一下。读者只要懂得初等代数学，就能轻松理解。让我提醒大家，在以前力学上测量力的单位是"达因"，是使1克重的自由物体每秒钟增加速度每秒1厘米的力量。因为地球引力会使1克重的自由落体每秒钟增加速度约每秒1000厘米（9.8米），所以地球吸引1克重物体的力等于"达因"的1000倍，也就是等于（大约）1000达因。换句话说，1克小砝码的重量（就是地球吸引它的力量）大约等于1000达因。这使我们对达因在重量单位上的数值得到一个概念：1达因大约等于千分之一克。

另外，我们已经知道，两个各重1克、中心距离1厘米的圆球，相互间的引力应该是一千五百万分之一达因。这个数字叫做"引力常数"。

知道了这一点，就不难根据牛顿定律计算出相距1米（或100厘米）的两个人体的互相吸引的力量。设人的体重是65公斤（65000克），由于相互间的引力和质量的乘积成正比，和距离的平方成反比（牛顿定律），可以算出，相互间的引力等于

$$\frac{1}{15000000} \times \frac{65000 \times 65000}{100^2} = 0.028 \text{达因（约）。}$$

因此，两个人体相互间的引力是0.028达因（约$\frac{1}{40}$毫克）。

同样方法可以算出两只相隔1公里的战舰相互间的引力。每只战舰的质量=25000吨=25,000,000,000克；距离=100,000厘米。因此，它们间的引力等于

$$\frac{1}{15000000} \times \frac{(25000000000)^2}{100000^2} = 4200 \text{达因（约）。}$$

已知1000达因=1克，因此4200达因约合4克。

2. 物体在宇宙空间里的降落 ////////////////////////////////////

儒勒·凡尔纳的炮弹向月球的飞行，可以看做是物体在引力作用下在

宇宙空间里的降落。因此，在研究它的飞行条件以前，最好先研究一下下面这个属于天体力学范围的问题。

假设地球忽然因故不再继续在原来的轨道上运转，它要多少时间才能降落到太阳上？

这类问题不难运用开普勒第三定律来解答：行星和彗星绕转时间的二次方的比等于它们离太阳平均距离的三次方的比；而我们知道，跟太阳的平均距离等于椭圆长轴的一半长度。在这个问题中，我们可以把径直降落到太阳上的地球看做是一个沿着拉得极长的椭圆运行的彗星，这个椭圆的两个极点一个接近地球轨道，另一个在太阳中心。这个彗星跟太阳的平均距离，也就是它的轨道的长半轴，显然是地球的平均距离的一半。现在来算一下这个设想的彗星绕行一周的时间。根据开普勒第三定律，得下列比式：

$$\frac{(\text{地球绕转时间})^2}{(\text{彗星绕转时间})^2} = \frac{(\text{地球平均距离})^2}{(\text{彗星平均距离})^2}$$

地球的绕转时间是365昼夜；把地球到太阳的平均距离作为1，那么彗星的平均距离是$\frac{1}{2}$。比例式可以写成：

$$\frac{365^2}{(\text{彗星绕转时间})^2} = \frac{1}{(0.5)^3}$$

从而

$$(\text{彗星绕转时间})^2 = 365^2 \times \frac{1}{8},$$

或

$$\text{彗星绕转时间} = \frac{365}{\sqrt{8}}。$$

但是我们感兴趣的不是这个设想的彗星绕转的全部时间，而是它的一半，也就是单程飞行——从地球轨道飞到太阳的时间：这就是所求的地球降落到太阳上的时间。这个时间是

$$\frac{365}{\sqrt{8}} \div 2 = \frac{365}{\sqrt{32}} = \frac{365}{5.6} = 64\text{昼夜}。$$

这样看来，要想知道地球降落到太阳上需要多少时间，应该把$\sqrt{32}$也

就是5.6去除一年。不难看出，这个简单的法则不只适用于地球，也适用于一切行星和一切卫星。换句话说，要想知道一个行星或卫星降落到它的中央星球上要多少时间，应该把$\sqrt{32}$也就是5.6去除它的绕转时间。水星88天绕转一周，它就要15.5天才能降落到太阳上；土星绕转时间等于我们的30年，它就要5.5年才能降落到太阳上。而月球却只要$27.3\div5.6$也就是4.8昼夜就能降落到地球上。不只是月球，而且离开我们跟月球一样远的任何物体都只要4.8昼夜就能降落到地球上（只要它只受到地球引力的作用而没有给它别的初速度）。

现在我们接着来讲儒勒·凡尔纳的问题。不难理解，如果一切从地球投向月球的物体的初速度恰好足以到达月球这样的距离，飞到月球也应该花这么多时间。这就是说，如果要儒勒·凡尔纳的铝质炮弹到达月球，应当飞行约5昼夜。

可是大炮俱乐部的会员们并不打算把炮弹直接送到月球，只想送到地球和月球之间两个引力相等的一点：从这里炮弹就会在月球引力作用下，自行降落到月球上，这个"中和"点大约在离开地球相当于月地距离的0.9地方。

这样一来，演算就要复杂一些了。首先，需要算出，炮弹花多少时间才能飞到月地距离的0.9的地方，或者说，物体从这个距离上降落到地球要花多少时间，这两种说法是一回事；其次，应该求出，物体从这个中和点降落到月球上的时间。

先解第一题。设月地距离的0.9地方有一个天体绕地球旋转，求出这个设想的地球卫星的绕转时间。用x来代表要求出的绕转时间，根据开普勒第三定律，列出比式

$$\frac{x^2}{27.3^2}=\frac{0.9^3}{1^3};$$

从而要求出的绕转时间$x=27.3\sqrt{0.9^3}=23.3$。这个时间用$\sqrt{32}$除也就是用5.6除，我们就按照前列法则求出了炮弹从地球飞到引力中和点的时间；$23.3\div5.6=4.1$昼夜。

第二题可以用类似的方法来解答。为了计算出炮弹从引力中和点降落到月球要花多少时间，必须先求出炮弹在离月球同样距离绕月球转一周所

需的时间。月球的这个设想的卫星，它的运行轨道的半径等于月球轨道半径的0.1，中央星球（这里指的是月球）的质量只有地球质量的 $\frac{1}{81}$。假使月球的质量跟地球相等，那么在月球的平均距离 $\frac{1}{10}$ 上绕转的卫星，绕行一周的时间 y 不难按开普勒定律求出：

$$\frac{y^2}{27.3^2} = \frac{0.1^3}{1^3},$$

从而

$$y = 27.3 \times \sqrt{0.001} = 0.273\sqrt{10} \text{。}$$

可是，因为中央星球的质量和引力作用在这里都比在地球系统小，只有地球系统的 $\frac{1}{81}$；所以这类炮弹卫星的绕转时间就要长得多。长多少倍呢？我们从力学知道，向心加速度跟速度的平方呈正比。这里这个加速度（月球引力产生的加速度）要小到 $\frac{1}{81}$，因而炮弹沿轨道运行的速度应该是 $\frac{1}{\sqrt{81}}$，也就是 $\frac{1}{9}$。换句话说，作为月球的卫星，这个炮弹绕月球旋转的速度，只有它在同样距离上绕地球旋转的 $\frac{1}{9}$。因此，所求的绕转时间是：

$$0.273\sqrt{10} \times 9 = 7.77 \text{昼夜。}$$

为了求出炮弹从中和点降落到月球的时间，我们已经知道，应该用 $\sqrt{32}$ 也就是5.6去除方才求出的炮弹绕转时间（7.77）；得到1.4昼夜，精确些的话，就是33.5小时[①]。

这样，炮弹从地球到月球的飞行全程将要花4.1+1.4=5.5昼夜。

不过，这不是完全精确的答案：这里没有考虑到炮弹从地球飞到中和点时也受到月球的引力作用，它会加速炮弹的运动；另一方面，降落到月

---

① 在地球的距离上，炮弹绕月球的时间等于月球绕地球的9倍，也就是要花27.3×9昼夜才能绕一整转。因此，它在月球引力作用下从地球降落到月球的时间是 $\frac{27.3 \times 9}{5.6} = 44$ 天。
本书前面谈到的威尔斯的"凯伏利特"炮弹，如果它的"凯伏利特"制的遮屏都卷了起来，使炮弹全部质量受到月球引力作用，它从地球飞到月球就恰好需要这些时间。但是旅行家们只是使炮弹的一部分质量受到引力作用，而参与运动的却是炮弹的全部质量。因此，炮弹得到的加速度只是正常加速度的几分之一。结果，飞行时间必须增长。例如，如果炮弹只有 $\frac{1}{10}$ 的质量受到引力作用，那么炮弹降落到月球上的时间就应该增长到 $\sqrt{10}$ 倍，也就是这个旅行要花136天才能完成。

球上时，炮弹又会受到地球引力的作用减低速度。地球引力作用应该特别显著，比较精确的计算证明（公式见后），炮弹从中和点落到月球需要的时间大约要多一倍。由于作了这些修正，炮弹从地球飞到月球的全部时间要从5.5昼夜增加到7昼夜。

在儒勒·凡尔纳的小说里，"剑桥天文台的天文学家"计算出的飞行时间是97小时13分20秒，也就是4昼夜稍多一点，而不是7昼夜。儒勒·凡尔纳弄错了3昼夜。弄错的原因是他（或替他进行计算的人）少算了炮弹从中和点落到月球的时间：他求出的时间只是13小时53分，实际上这个降落慢得多，大约要花67小时。

如果物体没有初速度，从极大距离H处降落到某一距离h，而不落到引力中心，那么这种降落所花的时间t（单位是秒）可以按下列公式（这个公式的导出要参看积分学）求出：

$$t = \frac{1}{R} \sqrt{\frac{H}{2a}} \left\{ \sqrt{h(H-h)} + H \arcsin \sqrt{\frac{H-h}{H}} \right\}. \tag{1}$$

在公式里，H和h代表上面说过的距离，R代表行星的半径，a代表行星表面上的重力加速度。这个公式也可以用来计算物体从距离h到达它速度消失尽的距离H的飞行时间。

举个例子，我们来计算一下，一个物体从地球表面上投掷到高度等于地球半径的地方所花的时间。在这个例子中，H=2R；h=R；a=g=9.8米/秒²；R=6370公里。

飞行时间是：

$$t = \frac{1}{R} \sqrt{\frac{2R}{2g}} \left\{ \sqrt{R(2R-R)} + 2R \arcsin \sqrt{\frac{R}{2R}} \right\} = \sqrt{\frac{R}{g}} (1 + 2 \times 0.7854) = 2072秒$$

=34.5分。

因此，向上直射到高度等于地球半径的地方的火箭，应该在69分钟后回到地面上来。

3. 火箭动力学

要理解后面的材料，必须懂得力学上有关"动量"和"重心"的一些定理。因此，在叙述以前，先引用格里姆泽尔（Гримзель）的《物理学教程》里一段文字，这段文字对上述问题阐述得很清楚，而且相当全面：

冲量·动量·重心运动守恒定律

力P使自由质量m产生加速度a，后者可由方程式$P=ma$求出。设力P是常数，那么加速度a也是常数，也就是说，运动是等加速运动。设力P在时间t内作用于质量m，就会使质量m产生速度$v=at$。为了测定力P在时间t内的作用，我们将力$P=ma$乘t。结果得等式

$$P \times t = m \times v_\circ$$

$P \times t$的乘积叫做方P在时间t内的冲量。$m \times v$的乘积叫做以速度v运动的质量m的动量。力的冲量等于被这个力推动的质量的动量。

如果作用的力是改变的，那么，严格地说，这个定律只能适用于一小段时间Δt，在这段时间中可以认为力没有变。这时候上式可以写成：

$$P \times \Delta t = m \times \Delta v,$$

冲量和动量这两个概念，凡是发生作用和反作用时，都经常要用到。

测量炮弹速度用的冲击摆就是实际应用这两个概念的一个例子。这个摆有一块巨大柔韧的质量M（例如沙箱），悬在一根能够绕轴旋转的杆子上（图29）。把炮弹（质量m）向摆射去，炮弹就射入沙中，使全部质量$M+m$产生一定的速度。摆向一边偏斜，测量出它上升的高度h。根据这个高度算出摆的初速$v_1 = \sqrt{2gh}$。摆获得的动量（向右）是Mv_1；炮弹向左获得的动量（或者按向右计算就是炮弹损失的动量）等于。

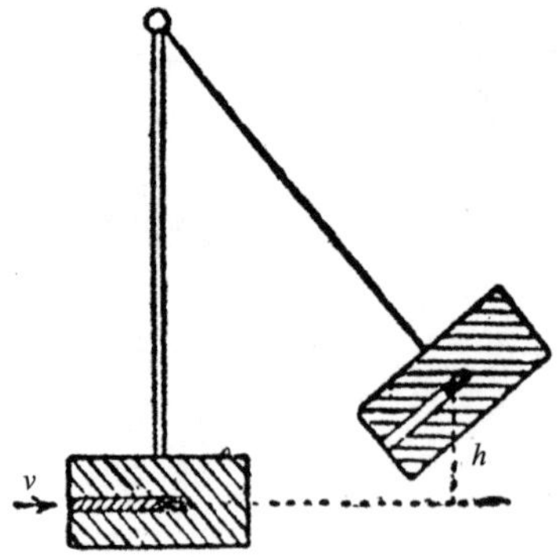

$$mv - mv_1,$$

或 $m(v - v_1)_\circ$

因此，$Mv_1 = m(v - v_1)$

或 $mv = (M+m)v_1_\circ$

后式左边部分（mv）是射击前整个体系（摆和炮弹）的动量，右边部分是射击后这个体系的动量。这样看来，如

图29 冲击摆

果在这个体系中只包括相互作用的物体，那么这个体系的动量是不变的。这种体系叫做闭合系。因此，在闭合系中，无论它内部发生什么过程，动量是不变的。这就是动量守恒定律。

另一个例子是图30所示的双向"枪"。这是一个装在竖架上的水平的铜管，管的一端用螺旋拧上一个沉重的金属筒。另一个完全一样的金属筒上有一个突出的塞头，紧紧嵌在铜管中。铜管上开有小孔，是点燃火药池里的火药用的。把少量火药分别撒在火药池和铜管内，就这样装好"枪弹"，把枪放在竖架上。然后用烧红的铅丝把火药池里的火药点燃；铜管里的火药爆炸了，两个圆筒连同塞头就得到方向相反的加速度，落到桌子上离竖架等距离的地方。施向两个方向的爆炸力是相同的，使两个圆筒获得了相同的速度。

图30 双向"枪"

我们用两个不同的质量再来试验。设跟铜管旋紧在一起的圆筒重50克，用塞头装在铜管上的圆筒重100克。爆炸后虽说爆炸气体施向两方面的压力相同，前一个圆筒却飞出得比后一个远一倍。

不管两颗"枪弹"的比怎么样，它们的初速度永远跟它们的质量呈反比，也就是说，"枪弹"的质量和初速度的乘积是相等的。

"枪弹"的运动可以用下列法则来确定：如果爆炸前双向"枪"在对某一旋转轴的关系上是处在平衡状态，那么这个平衡就会保持到爆炸后的每一瞬间——而且可以把两颗"枪弹"的路线看做一条连接二者的没有重量的铅丝，而整个体系却可看做是一具杠杆。

事实上，两颗"枪弹"跟旋转轴的水平距离在运动的每一瞬间都和相应的质量呈反此，而这正是和杠杆的平衡条件符合的。因此，设想的轴将永远通过双向枪两部分的重心，因而重心的位置是保持不变的（重心守恒定律）。这个定律适用于双向枪爆炸前不处在静止状态而是做匀速运动的情况。在这种条件下，枪的各部分在爆炸以后做这样的运动：它们的公共重心用同样的速度继续它原来的运动（重心运动守恒定律）。当然，在裂成好几部分时情形也是一样，例如爆裂的榴弹碎片或掉落下来的陨石碎块在运动时就是这样。

火箭的运动

现在来研究一下火箭的运动——首先研究火箭在没有重力的环境里的运动，然后研究它在重力条件下的运动。

（一）火箭在没有重力的环境里的运动

由于"火箭方程式"对星际航行的全部理论有根本性的意义，下面提供这个方程式的两种推导：一种是简单的推导，给不熟悉高等数学的读者；另一种比较精密，要用到积分。

设静止的火箭的原始质量等于 M_i。把从喷管喷出的连续喷气改成一连串接连的推动；每一次推动消耗火箭质量 M_i 的 $\dfrac{1}{n}$，速度是 c。第一次推动后，火箭质量降低到

$$M_1 = M_i - \frac{M_i}{n} = M_i \left(1 - \frac{1}{n}\right);$$

第二次推动后，火箭余剩的质量等于

$$M_2 = M_i \left(1 - \frac{1}{n}\right) \times \left(1 - \frac{1}{n}\right) = M_i \left(1 - \frac{1}{n}\right)^2;$$

第三次推动后

$$M_3 = M_i \left(1 - \frac{1}{n}\right)^3,$$

第 k 次推动后

$$M_k = M_i \left(1 - \frac{1}{n}\right)^k。$$

火箭在第一次推动后取得的速度 v_1，根据火箭各部分的总动量在爆炸后应该和爆炸前相等，也就是等于零，不难计算出来：

$$M_i \left(1 - \frac{1}{n}\right) \times v_1 + \frac{M_i}{n} \times c = 0,$$

从而

$$v_1 = -\frac{c}{n-1},$$

第二次推动后的速度 v_2，可以认为是 $2v_1$，也就是 $-\frac{2c}{n-1}$，第 k 次推动后，$v_k = \frac{kc}{n-1}$，

从而

$$k = -\frac{v(n-1)}{c}。$$

将这一式代入公式

$$M_k = M_i \left(1 - \frac{1}{n} \right)^k,$$

得

$$M_k = M_i \left(1 - \frac{1}{n} \right)^{\frac{v(n-1)}{c}}。$$

幂数前的负号我们把它去掉了，因为它在这里只表示速度的方向，而这是我们已经知道的。把后式改写成

$$M_k = M_i \left\{ \left(1 - \frac{1}{n} \right)^{n-1} \right\}^{\frac{v}{c}} = M_i \left\{ \left(\frac{1}{1+\frac{1}{n}} \right)^{n-1} \right\}^{\frac{v}{c}},$$

这是因为

$$1 - \frac{1}{n} \approx \frac{1}{1+\frac{1}{n}}。$$

当 n 无限大时（也就是当推动变成连续喷气时），我们知道，式

$$\frac{1}{(1+\frac{1}{n})^{n-1}}$$

等于 $\frac{1}{e}$，这里 $e=2.718\cdots\cdots$。这时候改写的式子就变成

$$M_k = M_i \left(\frac{1}{e} \right)^{\frac{v}{c}},$$

从而得出火箭方程式：

$$\frac{M_i}{M_k}=e^{\frac{v}{c}}。$$

现在来介绍这个基本方程式的比较精密的推导方法：

用M来表示火箭某一瞬间的质量，并且假定火箭在燃烧前是静止不动的。由于燃烧，火箭用均匀的速度c投出它质量的极微小部分dM。这时候火箭质量的其余部分（$M-dM$）就增加了一个极微小的速度dv。根据力学定律（参看前面），火箭的两部分的动量的和应该等于烧燃前的和，也就是等于0：

$$cdM+（M-dM）dv=0，$$

去括号，得

$$cdM+Mdv-dMdv=0。$$

$dMdv$是二级无穷小的量（两个无穷小的量的乘积），可以略去不计，得下式：

$$cdM+Mdv=0，$$

这一式可以写成

$$\frac{dv}{c}=-\frac{dM}{M}。$$

把这个微分方程式加以积分，得：

$$\frac{v}{c}=\ln M_i-\ln M_k=\ln\frac{M_i}{M_k}，$$

或

$$e^{\frac{v}{c}}=\frac{M_i}{M_k}。 \qquad （2）$$

这就是火箭方程式，或"齐奥尔科夫斯基的第二定理"，这个定理齐奥尔科夫斯基是这样提的：

"在没有重力的环境里，火箭的最终速度（v）只决定于爆炸物质的数量（跟火箭质量相比）和爆炸管的构造，而跟爆炸力和爆炸程序无关。"

以上计算都没有把地球引力考虑进去，现在我们就来简单地研究一下地球引力的影响。

（二）火箭在重力条件下的运动

火箭从地面上竖直上升时具有的加速度，显然是等于火箭本身加速度 p 和地球重力加速度 g 的差：

$$a=p-g。$$

因为这时候火箭取得的最终速度 $v_1=at$，所以燃烧时间等于 $\frac{v_1}{a}$，也就是

$$t=\frac{v_1}{p-g}。$$

从这个等式和 $v=Pt$，我们推导出，当燃烧时间相同（$t=t_1$）时：

$$v=pt=p \times \frac{v_1}{p-g}=v_1 \times \frac{p}{p-g}，$$

从而

$$v_1=v \times \frac{p-g}{p}=v \times （1-\frac{g}{p}）$$

这就是说，

$$v_1=v-v \times \frac{g}{p} \qquad （3）$$

也就是在有重力的环境里，火箭的最终速度比在没有重力环境里小，所小的百分比恰和重力加速度（g）比火箭本身加速度（p）所小的百分比一样。

现在，从前面所说已经知道，在没有重力的环境里

$$v=c \ln \frac{M_i}{M_k}，$$

得到火箭在有重力环境里的最终速度 v_1 是：

$$v_1=（1-\frac{g}{p}） c \ln \frac{M_i}{M_k} \qquad （4）$$

或

$$e^{\frac{v_1}{c}}=（\frac{M_i}{M_k}）^{（1-\frac{g}{p}）}。 \qquad （5）$$

运用公式（5），如果已知装着燃料和不装燃料的火箭的质量比 $\frac{M_i}{M_k}$ 和

火箭本身的加速度p，就可以算出火箭在引力场中所取得的最终速度。我们已经知道，火箭本身的加速度不应该高过地球的重力加速度的4倍，才可以避免伤害人体。当p=4g时，

$$e^{\frac{v_l}{c}} = \left(\frac{M_i}{M_k}\right)^{\frac{3}{4}}。$$

当然，以上公式中都没有把空气阻力考虑进去。

自由火箭和火箭飞船的效率

现在我们计算一下，火箭消耗的燃料有多少能量转变成有效的机械功。

像前面一样，用M_i表示爆炸前自由火箭的质量，用M_k表示爆炸后的质量；消耗的燃料的质量是$M_i - M_k$；气体的喷出速度是c。喷出气体的动能等于

$$\frac{1}{2}\left(M_i - M_k\right)c^2。$$

而火箭在速度v时的动能等于

$$\frac{1}{2}M_k v^2。$$

以上第二个量和第一个量的比就是自由火箭的效率k：

$$k = \frac{1}{2}M_k v^2 \div \frac{1}{2}\left(M_i - M_k\right)c^2，$$

$$k = \frac{M_k}{M_i - M_k} \times \frac{v^2}{c^2}，$$

或

$$k = \frac{\left(\frac{v}{c}\right)^2}{\frac{M_i}{M_k} - 1}。 \tag{6}$$

从公式（2），得：

$$\frac{M_i}{M_k} - 1 = e^{\frac{v}{c}} - 1。$$

因此，在没有重力的环境里，火箭的效率是：

$$k = \frac{(\frac{v}{c})^2}{e^{\frac{v}{c}} - 1} \circ \qquad (7)$$

这个效率当$\frac{v}{c}$=1.6时达最大值，那时候将等于65%。

如果$\frac{v}{c}$的值不大，由于

$$e^{\frac{v}{c}} = 1 + \frac{v}{c} + \frac{1}{2} \times \frac{v^2}{c^2} + \cdots\cdots$$

公式（7）可以简化，那时候

$$k = \frac{(\frac{v}{c})^2}{\frac{v}{c} + \frac{1}{2} \times \frac{v^2}{c^2}} = \frac{1}{\frac{c}{v} + \frac{1}{2}} \circ \qquad (8)$$

在有重力环境里，k式就要复杂一些；如果是竖直上升，这个式子不难导出，只要从公式（5）中把相应的$\frac{M_i}{M_k}$的值代入公式（6）就行了。

但是，在摩擦、空气阻力等阻碍运动进行的因素起巨大作用的地方，火箭飞船（就是可以操纵的火箭）的效率k的式子就不同了。研究一下喷气汽车的匀速运动的情况，也就是火箭的功等于阻力的功的情况。因为力的冲量等于动量，所以用f表示爆炸产物的力量（它等于推动汽车的力量），用t表示运动时间，

$$ft = (M_i - M_k) c,$$

这里M_i是爆炸前汽车的质量，M_k是爆炸后汽车的质量；c是气体喷出速度。为方便起见，用Q来表示$M_i - M_k$也就是燃料贮备量，那么

$$f = \frac{Qc}{t} \circ$$

而汽车的有效功是：

$$W = \frac{Qc}{t} \times vt = Qcv,$$

因为路程$s=vt$，这里v是汽车的速度。

在这个情况，消耗的能由两部分组成：（1）一部分用来使燃料以速度v做匀速运动，这部分等于$\frac{1}{2}Qv^2$；（2）一部分用来使喷出气体粒子得到速度c，这部分等于$\frac{1}{2}Qc^2$。全部消耗的能量等于

$$\frac{1}{2}Qv^2+\frac{1}{2}Qc^2。$$

因此所求的效率

$$k=\frac{Qcv}{\frac{1}{2}Qv^2+\frac{1}{2}Qc^2}=\frac{2\dfrac{v}{c}}{1+\dfrac{v^2}{c^2}}。 \tag{9}$$

当$v=c$时，也就是汽车运动速度等于爆炸气体喷出速度时，效率k的数值最大。

利用这个公式，可以很容易地求出喷气汽车的效率；例如，当$c=2000$米/秒，$v=200$公里/小时=55米/秒时，

$$k=5.5\%。$$

喷气汽车如果想在经济性上跟普通汽车（它的效率大约是20%）竞争，至少要有每小时760公里的速度。但是这个速度是轮式车辆所不能有的，因为它会在离心力作用下发生轮箍破断的危险。

4. 初速度和飞行时间 ////////////////////////////////

初速度

读者一定想知道，怎样计算物体克服行星的引力飞离行星所需要的速度。这个计算根据的是能量守恒定律。物体起飞时应该获得的动能储积等于它将要完成的功。设物体质量是m，所求的速度是v，那么物体起飞时刻的动能应该是

$$\frac{mv^2}{2}。$$

而物体从行星表面飞到无限的空间所做的功（假定没有其他引力中心），根据天体力学确定，应该等于

$$-\frac{kmM}{R},$$

公式里 M 是行星的质量，R 是行星的半径，k 就是所谓"引力常数"[①]。这个功的绝对值和动能相等：

$$\frac{kmM}{R}=\frac{mv^2}{2},$$

从而

$$v^2=\frac{2kM}{R}。$$

接着，我们知道、根据引力定律，如果物体的质量是 m，那么它在行星表面上的重量，也就是行星吸引物体的力量，等于

$$\frac{kmM}{R^2}。$$

力学还告诉我们另一个关于重量的公式，就是质量和加速度的乘积 ma。

这就是说，

$$ma=\frac{kmM}{R^2},$$

从而

$$\frac{kM}{R}=aR。$$

因而下式

$$v^2=\frac{2kM}{R},$$

可以写成：

$$v^2=2aR,$$

从而

---

① 参看附录1。

$$v=\sqrt{2aR}。\qquad\qquad(10)$$

把行星上的重力加速度代入公式里的a，把半径代入公式里的R，就得到了物体永远飞离这个行星的速度。拿月球作例子，$a=1.62$米/秒^2，$R=1,740,000$米。因此，所求的速度

$$v=\sqrt{2\times1.62\times1,740,00}=2380\text{米/秒}=2.38\text{公里/秒}。$$

炮弹或火箭从地球起飞应该飞到地球和月球间引力中和点的初速度，可以在同样基础上进行计算。地球的质量有月球81倍大，因为引力的大小是和距离的平方成反比的，所以地球和月球引力中和的地方离地球的距离就要等于离月球的距离的9倍（这地方地球引力减弱到$\dfrac{1}{9\times9}$也就是$\dfrac{1}{81}$）。这就是说，引力中和点是在月地距离的0.9地方；月地距离等于地球半径R的60.3倍，因此炮弹必须飞行的距离是$D=0.9\times60.3R=54.3R$。用v表示物体飞离行星应具有的速度；物体起飞时的动能是$\dfrac{mv^2}{2}$，这里m是物体的质量。而这物体所做的功，根据天体力学定律，等于失去的位能，也就是全程终点和起点的位能E_1和E的差。因此

$$\frac{mv^2}{2}=E_1-E。$$

这里E_1是物体在全程终点时对地球和对月球的位能。这位能的第一部分等于

$$-\frac{kmM}{D},$$

这里k是引力常数，M是地球的质量，m是投出物体的质量，D是物体从地心到全程终点的距离。

第二部分等于位能（在对月球关系上）：

$$-\frac{kmM_1}{d},$$

这里k和m的值和前面相同，M_1是月球的质量，d是物体由月残中心到全程终点的距离。

E是物体在地球表面上时对地球和月球的位能。

它等于

$$-\frac{kmM}{R}-\frac{kmM_1}{L},$$

这里R是地球的半径，L是地球表面到月球中心的距离，k、m、M、M_i，各值跟前面同。

这样，

$$\frac{mv^2}{2}=E_1-E=\left(-\frac{kmM}{D}-\frac{kmM_1}{d}\right)-\left(-\frac{kmM}{R}-\frac{kmM_1}{L}\right),$$

或者

$$\frac{v^2}{2}=\frac{kM}{R}+\frac{kM_1}{L}-\frac{kM}{D}-\frac{kM_1}{d}。$$

将下列各值代入式中：

$$M_1=0.012M, \qquad D=54.3R,$$
$$L=59.3R, \qquad d=6R,$$

得：

$$\frac{v^2}{2}=\frac{kM}{R}+\frac{k\times0.012M}{59.3R}-\frac{kM}{54.3R}-\frac{k\times0.012M}{6R},$$

或者

$$\frac{v^2}{2}=0.98\times\frac{kM}{R}=0.98gR^{①}$$

从而

$$v=\sqrt{1.96gR}。$$

大家知道，

$$g=9.8 \text{米/秒}^2,$$

$$R=6.370 \text{公里}=6,370,000 \text{米},$$

进行计算，得到所求的速度

$$v=11,070 \text{米/秒}=11.07 \text{公里/秒}。$$

用这个方法也可以算出在其他类似情况下的速度。例如，求由月球起飞飞向地球的火箭的速度，可以列出等式：

---

① 因为根据前面推导出的关系 $\frac{kM}{R}=aR$，这里加速度a就等于重力加速度g。——译者注

$$\frac{mv^2}{2} = \frac{kmM}{54R} + \frac{kM_1m}{6R} - \frac{kmM}{60R} + \frac{kM_1m}{0.27R}。$$

当然，这里是假定火箭应该只达到引力中和点，从这里开始向地球降落。

已知月球的质量 $M_1 = \frac{M}{81}$，这里的 M 是地球的质量，消去 m，得：

$$\frac{v^2}{2} = \frac{kM}{54R} + \frac{kM}{486R} - \frac{kM}{60R} - \frac{kM}{22R} = \frac{gR}{54} + \frac{gR}{486} - \frac{gR}{60} - \frac{gR}{22},$$

从而得 $v=2.27$ 公里/秒——比上面没有把地球引力计算进去的结果（2.38公里/秒）小了一百多米。物体从引力中和点向月球降落，当它后面有地球引力作用时，也应该是用这个速度向月球表面撞击。

　　从地球飞向月球的炮弹的初速度就是这样计算出来的，这个初速度在地球表面上具有最大值。至于火箭，它在地平线上时的速度等于0，随着火箭的起飞而速度逐渐增高，一直到装药燃烧停止为止。因而火箭的最高速度是在离地面一定高度上获得的，那里的地球重力强度自然要比在海平面上小得多。因此，火箭作行星际飞行的最高速度要比炮弹小。现在假定火箭飞行的加速度等于地球重力加速度的三倍，试计算出作行星际飞行火箭的最高速度。

　　用 x 表示火箭获得最大速度 v 时的高度。已知 $v^2 = 2 \times 3g \times x = 6gx$。

　　根据上面所说，火箭的单位质量在 x 高度上的位能是：

$$\frac{gR^2}{R+x}{}^{①}。$$

　　单位质量在距地心54.3R的地方（就是在引力中和点）的位能是：

$$\frac{gR^2}{54.3R} + \frac{0.16g \times (0.27R)^2}{6R}{}^{②} = 0.0204gR。$$

火箭从 x 高度移到引力中和点时损失的位能是

---

① 根据前面所说，在距地面 x 高度也就是距地心 $R+x$ 的地方，质量是 m 的物体的位能应该是 $\frac{kmM}{R+x}$，如果 $m=1$，位能就是 $\frac{kM}{R+x}$。又 $kM=gR^2$，代入，就得到这里的式子。——译者注

② 这一式中前面一项是对地球来说的位能，后面一项是对月球来说的位能，这一部分位能应该等于 $\frac{kM_1}{6R_1}$，而 kM_1 应该等于 $a_1R_1^2$，这里 a_1 是月球面上的引力加速度，R_1 是月球的半径。已知 $a_1=1.6$米/秒$^2=0.16g$，$R_1=1740$公里$=0.27R$，代入，就得这一部分的位能等于 $\frac{0.16g \times (0.27R)^2}{6R}$。——译者注

$$\frac{gR^2}{R+x}-0.0204gR,$$

并且我们知道，它应该等于火箭单位质量的动能，就是 $\frac{1}{2}v^2$，或者 $3gx$。因此得到等式：

$$\frac{gR^2}{R+x}-0.0204gR=3gx,$$

从而 $x=0.2616 \times R=0.2616 \times 6370=1666$ 公里。

现在从等式 $v^2=6gx$，求得 $v=9750$ 米/秒。

这样看来，向月球竖直发射的火箭，它达到最大速度（$9\frac{3}{4}$ 公里）的地点离地球大气层很远。产生这个速度的时间（秒数）t，可以从等式 $9750=3 \times 9.8t$ 求出，从而 $t=321$ 秒。可以算出，在地球引力作用下火箭的速度损失 $821 \times 7.76=2490$ 米/秒（7.76是从地球表面到1660公里高度间的平均重力加速度）。结果是：使火箭能够竖直飞升到月球去所应该贮备的能量应该适合产生 $9750 \times 2490=12240$ 米/秒的速度。

用同样的方法可以求出火箭从月球上竖直飞升时，它的最高速度（2300米/秒）将在起飞76秒钟后在90公里高度上获得。反过来，火箭从引力中和点向月球降落，必须在90公里的高度上开始减速，以便在加速度（负值）是3g的情况下，把它每秒2300米的速度降低到零。

在计算物体离开地球飞到无限空间去应具有的速度时，我们把地球当做物体必须克服它的引力的唯一中心。实际上，还应该把太阳引力计算进去。为了把这一因素也考虑进去，我们先来求出物体在轨道上的速度和其他数量之间的关系。

根据开普勒第二定律，矢半径在相等时间内画出的面积是相等的。设物体（行星）沿半轴 a 和 b 的椭圆轨道绕太阳运转，每绕一周的时间是置 T 秒，每秒速度是 v，矢半径是 r；那么就有等式

$$\frac{vr}{2}=\frac{\pi ab}{T},$$

这里的左边部分是矢半径在1秒钟内画出的面积（近似的），而 πab 却是椭

圆的面积。从而得：

$$v=\frac{2\pi ab}{rT}。 \tag{11}$$

现在设沿半径r的圆形轨道绕太阳运行的物体（星际飞船、行星等）必须从自己轨道上的A点转入半轴a和b的椭圆轨道。求出为此所需要变动的速度。

从开普勒第三定律知道，行星绕转时间的平方和行星跟太阳的平均距离（或长半轴）的立方的比是一个常数；对于太阳系的行星来说，这个常数等于（按厘米–克–秒制单位计算）：

$$\frac{T^2}{r^3}=3\times10^{-25},$$

从而

$$T=\sqrt{3\times10^{-25}\times r^3}=5.47\times10^{-13}\sqrt{r^3}。$$

由此可以求出，距太阳r处进行圆周运动时的速度

$$v_c=\frac{2\pi r}{T}=\frac{1.15\times10^{13}}{\sqrt{r}}。 \tag{12}$$

现在来看看椭圆轨道，首先（参看图31）是：

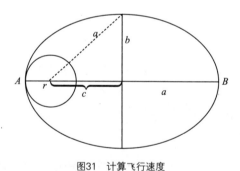

图31　计算飞行速度

$$b=\sqrt{a^2-c^3}=\sqrt{(a-c)(a+c)}=\sqrt{r(2a-r)}。$$

由公式（11）可知椭圆轨道上A点的运动速度v_e是

$$v_e=\frac{2\pi ab}{rT}=\frac{2\pi a}{T}\times\frac{b}{r}$$

$$= \frac{1.15 \times 10^{13}}{\sqrt{a}} \times \frac{b}{r} = \frac{1.15 \times 10^{13}}{\sqrt{a}} \times \frac{\sqrt{r(2a-r)}}{r}$$

$$= \frac{1.15 \times 10^{13}}{\sqrt{r}} \sqrt{2 - \frac{r}{a}} \text{。} \tag{13}$$

因为沿圆形轨道的运动速度是（公式12）

$$v_c = \frac{1.15 \times 10^{13}}{\sqrt{r}} ,$$

比较公式（13）和（12），就得到

$$v_e = v_c \sqrt{2 - \frac{r}{a}} \text{。} \tag{14}$$

用这个公式就可以计算出，星际飞船从圆形轨道转到椭圆轨道或无限空间时需要具有的速度。如果是飞入无限空间，那么公式里椭圆的长半轴 a 应假定是无限长。得：

$$v_\infty = v_c \sqrt{2 - \frac{r}{\infty}} = v_c \sqrt{2} , \tag{14}$$

就是说，要想使星际飞船从圆形轨道飞入无限空间，它的圆周速度必须提高到 $\sqrt{2}$ 倍。例如，对于从地球轨道（相应的速度是每秒29.6公里）飞入无限空间来说，需要具有的速度是

$$v_\infty = 29.6\sqrt{2} = 41.8 ,$$

也就是速度需要增加41.8–29.6=12.2公里/秒。

现在，我们就可以计算星际飞船为克服地球引力和太阳引力，也就是为了脱离地球自由地飞进无限空间需要具有的速度了。为克服地球引力需要的初速度是每秒11.2公里，也就是对星际飞船每公斤重量的功是

$$\frac{11{,}200^2}{2g} \text{公斤米。}$$

为克服太阳引力需要做功（$v = 12{,}200$米/秒）

$$\frac{12{,}200^2}{2g} \text{公斤米。}$$

克服地球和太阳两者引力的总功等于

$$\frac{11{,}200^2 + 12{,}200^2}{2g} \text{。}$$

所求的速度 x 可以由下式得到：

$$\frac{x^2}{2g}=\frac{11,200^2+12,200^2}{2g}。$$

从而

$$x=\sqrt{11,200^2+12,200^2}=16,600\text{米}/秒。$$

现在计算一下到火星和金星去所需的初速度。对火星来说，

$$a=\frac{150\times10^6+228\times10^6}{2}=189\times10^6\text{公里}。$$

因此，运用公式（14），得：

$$v=29.6\sqrt{2-\frac{150}{189}}=32.6\text{公里}/秒，$$

也就是需要增加32.6-29.6=3公里的速度。

最后，所求的克服地球引力和太阳引力的速度可以按方才所说的方法求出：

$$v_{火星}=\sqrt{11.2^2+3^2}=11.6\text{公里}/秒。$$

到金星去需要的初速度可以用同样方法求出，应该不低于

$$v_{金星}=\sqrt{11.2^2+2.5^2}=11.4\text{公里}/秒。$$

飞行时间

飞往金星。如果知道了一颗设想的行星沿TV椭圆绕转的时间（图32），这种飞行在消耗最少量燃料条件下所需要的时间就可以求出。设S是太阳，那么$ST=150\times10^6$公里，$SV=108\times10^6$公重，这个设想的行星距太阳的平均距离$=\frac{1}{2}$（150+108）$\times10^6=129\times10^6$公里。根据开普勒第三定律，

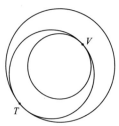

$$\frac{x^2}{225^2}=\frac{(129\times10^6)^3}{(108\times10^6)^3}=\frac{215}{126}=1.7，$$

这里x是这颗设想行星的绕转时间，225昼夜是金星的绕转时间。

$$225\sqrt{1.7}=293\text{日}，$$

图32 从地球（T）飞往金星（V）的路线

这就是说，单程飞行需要147昼夜。

飞往火星。 飞行时间可以由下列比例求出：

$$\frac{y^2}{365.25^2} = \frac{\left[\frac{1}{2}(228+150)\right]^3}{150^3} = \frac{189^3}{150^3} = \frac{675}{338} = 2,$$

从而

$$y = 519昼夜。$$

这就是说，单程飞行需要259昼夜。

5. 地球外面的航行站 /////////////////////////////////

本节运算可以利用图31。设图中半径r的圆表示地球，椭圆表示星际飞船由地球表面（赤道上）A点飞到人造卫星圆形轨道的路线。

首先求出这个人造卫星的圆形轨道（图上没有画出）的半径应该有多大，才能使卫星绕转一周的时间恰好等于地球的一昼夜。已知月球在距地心60.3个地球半径处，它绕地球一周的时间是27.3昼夜，运用开普勒第三定律得：

$$\frac{27.3^2}{1^2} = \frac{60.3^3}{x^3},$$

从而

$$x = \sqrt[3]{\frac{60.3^3}{27.3^2}} = \frac{60.3}{9.06} = 6.66。$$

这样看来，地球外面的航行站应当设在距地心6.66个地球半径处，才能使它的绕转时间等于24小时。

为了使星际飞船到达这个人造卫星的轨道，它在地球上应该具有的速度，就是图31椭圆上A点的速度，可以用公式（14）求出：

$$v_A = v_c \sqrt{2 - \frac{r}{3.83r}} = v_c \times 1.32。$$

这里的v_c是天体在距地心1个地球半径处做自由圆周运动的速度，也就是每秒7.92公里。因此，所求的飞行速度v_A是：

$$v_A = 7.92 \times 1.32 = 10.5公里^{①}。$$

---

① 严格地说，如果利用赤道上各点的昼夜运动的话，起飞速度可以比这小一些。

星际飞船用什么速度飞达人造卫星呢？换句话说，椭圆上A点对面的B点的速度是多少呢？它可以用开普勒第二定律求出来，因为矢半径在一秒钟内画出的面积相等，所以

$$10.5 \times r = x \times 6.66r,$$

从而

$$x = \frac{10.5}{6.66} = 1.6公里。$$

我们现在把这个速度跟地球外面的航行站在它轨道上的运动速度比较一下。很明显，地球外面的航行站的运动速度是地球赤道上各点的运动速度（0.465公里/秒）的6.66倍：

$$0.465 \times 6.66 = 3.1公里。$$

这就是说，星际飞船要靠拢地球外面的航行站，需要另外加每秒3.1−1.6 =1.5公里的速度。

然后，星际飞船如果要离开地球外面的航行站飞到（举例来说）月球轨道上去，假设相应的椭圆包含了地球外面的航行站轨道并且内切于月球轨道，它所需要的速度可以用公式（14）算出，

$$v_{月球} = v_{航行站} \times \sqrt{2 - \frac{6.66}{33.5}}$$

$$v_{航行站} = \times \sqrt{1.8} = 1.34 \times v_{航行站}。$$

因为地球外面的航行站的速度等于3.1公里，所以所求的速度是 1.34×3.1=4.1公里／秒。

这只比完全挣脱地球引力所需要的速度（3.1×$\sqrt{2}$=4.4公里/秒）少每秒300米。

如果注意到地球外面的航行站的速度跟飞往月球轨道的速度是同方向的，那么，从航行站飞往月球所需增加的速度就只有4.1−3.1=1公里/秒[3]。当气体喷出速度是每秒4000米时，装燃料火箭和不装燃料火箭的质量比 $\frac{M_i}{M_k}$是：

$$\frac{M_i}{M_k} = e^{\frac{1000}{4000}} = e^{0.25} = 1.28。$$

燃料的质量应该不超过爆炸后火箭质量的 $\frac{1}{2}$。即使我们想使火箭能够返回到航行站，也就是使火箭保存足够制动的燃料贮备（最终质量的0.28），我们开始时给它装好燃料，应该只合整个装满燃料的火箭重量的0.4。由此可见，设立地球外面的航行站，在解决星际航行其他各项问题的意义上，好处是非常巨大的。

6. 炮弹内部的压力 ///////////////////////////////////////

这里我们只要用到匀速运动的两个公式，就是：

（1）在t秒钟后的速度v等于at，式中a是加速度：

$$v=at。$$

（2）在t秒钟内走过的路程S用下式计算：

$$S=\frac{at^2}{2}。$$

运用这两个公式，就可以很容易地求出(当然，只是近似计算)炮弹在儒勒·凡尔纳巨炮炮膛里滑行时的加速度。

我们从小说里知道，炮身长210米，这就是炮弹走的路程S。小说家指出，炮弹离开炮口时的速度是16,000米/秒。这两个数据使我们首先能够求出t——炮弹在炮膛中运动的时间（这里把这运动看成匀加速运动）。

$$v=at=16,000，$$

$$210=S=\frac{at \times t}{2}=\frac{16,000 \times t}{2}=8000t，$$

从而

$$t=\frac{210}{8000} \approx \frac{1}{40}。$$

这样看来，炮弹在炮膛中一共只滑动了 $\frac{1}{40}$ 秒。

把 $t=\frac{1}{40}$ 代入公式 $v=at$：

$$16,000=\frac{a}{40}，$$

从而a=640,000米/秒^2。

这就是说，炮弹在炮膛中运动时的加速度等于640,000米/秒^2，也就是地球重力加速度的64,000倍。

那么，要使加速度只是重力加速度的20倍（也就是等于200米/秒^2），炮筒应该多长呢？

这个题目正跟我们方才算的题目相反。已知：a=200米/秒^2；v=11,000米/秒（不计空气阻力，这个速度已经足够了）。

由公式$v=at$，可得：11,000=200t，从而t=55秒。

由公式$S=\dfrac{at^2}{2}=\dfrac{at\times t}{2}$，求得炮筒长度应该等于$\dfrac{11,000\times55}{2}$=302,500米，也就是约300公里。

7. 自由落体的失重 ///////////////////////////////////

自由落下的物体或向上投出的物体是一点重量没有的，这个情况使许多人感到惊奇和意外，甚至准备把它看成是物理学上的诡辩（就是说结论是似是而非的）。因此，这里有必要介绍几个实验，来证实它的正确性。

就我所知，这类实验中的最早一个是著名科学家莱布尼兹做的。他在天平的一个盘上悬挂了一根相当长的管子，里面装满清水；水面上浮着一个中空的金属小球，小球上有一个塞紧的孔。在天平的另一个盘上加砝码，把天平两侧调整到平衡，然后打开漂浮在水面的圆球上的小孔，球里灌进了水，就向底下沉落。小球沉落的时候，它这一侧就显得重量减轻了，放砝码的盘渐渐沉了下去（见斐雪著《物理学史》）。

著名物理学家刘彼莫夫（Н.А.Любимов）教授在1892~1893年间做了一系列这方面的实验。这些巧妙的实验都被莫名其妙地遗忘了，这里只引述几种：

（1）在一块竖直的板上悬着一个有硬杆的摆，把摆拨向一边，用一个销子挡着，不让它落下。然后把挡住摆的销子抽去，并且立刻让板连摆一起自由落下，这时候摆仍旧保持它的倾斜位置，毫无摆动的趋势[1]。

（2）在这块板上斜装一个玻璃管；管子上端在它倾斜边缘上放一个沉重的小球，用销子挡住不使它落下。在板子落下时，把销子抽去，但是小球仍旧留在管子上端，并不滚落到管子里。

（3）在这块板上装一块磁铁，把一片铁片（衔铁）放在磁铁下端的小台子上，使磁铁不能把它吸起为度。板和磁铁、铁片一同落下时，铁片就被磁铁吸起。

（4）在整套容器落下时，阿基米德原理将失去它的意义。假定把一个软木塞浸在盛水的容器里（见图33）。用一个弹簧使塞子停留在水中，不让水从下向上的压力把塞子推到水面上来。容器跟塞子落下时，这个从下向上的压力没有了（因为这里水的压力是由它的重量来的），塞子就会往下沉（见刘彼莫夫著《论交变运动系统物理学》）。

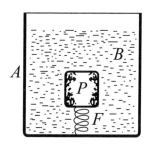

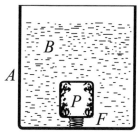

图33　阿基米德原理在落下系统中失效了（刘彼莫夫实验之一）

这里再指出一个有趣的现象：在落下系统中，液体在大于大气压力的压力作用下，是从容器中成直线流出的，没有弯曲成抛物线的情形。

刘彼莫夫在上面所说的小册子中写道，"同类现象不仅在自由落下系统中可以观察到，而且在一定程度上在沿斜面滑下的系统中或往复摆动的系统中也可以观察到。这种沿斜面滑下或往复摆动系统的实验做起来有一个好处，就是观察人本身也可以参加到下滑系统或摇摆系统里去（从小山滑下，乘秋千摆荡等），对现象进行观察。做一个能够乘人观察的自由落下系统也没有多大困难，只要注意使落下系统（例如用绳子通过滑车悬一只筐子）到达地面时不发生撞击，使它的速度已经减弱就行了。"

---

[1] 这个现象在制造电梯和矿坑用的吊笼时被用来制成安全装置，在电梯钢索中断时自动动作。

YOUTH
经|典|译|丛

◆ 西方少年儿童应知必读的名著精选
◆ 中国学校／家庭必备的素质教育精品

西顿动物故事
—— 全 集 ——

动物剧场

带孩子去认识真正的动物世界

中国青年出版社

低科技丛书

998个科学经典项目
适合亲子共同完成
提高孩子动手能力
激发孩子的创造力

让孩子自己动手去创造一个新世界

The Boy Mechanic
少年工程师
给孩子们的189个经典制作方案

Popular Mechanics《大众机械》编
孙洪涛 译

The Boy Mechanic Makes Toys
玩具DIY
给孩子们的114个动手制作的娱乐项目

Popular Mechanics《大众机械》编
曹庆颖 译

The Boy Mechanic saves the world
环保小专家
给孩子们的236个保护环境的小点子

Popular Mechanics《大众机械》编
孙洪涛 译

The Boy Camper
户外活动手册
给孩子们的157个户外活动方案

Popular Mechanics《大众机械》编
魏彦平 译

The Boy Magician
少年魔术师
给孩子们的147个神奇戏法的表演方案

Popular Mechanics《大众机械》编
魏彦平 译

The Boy Scientist
少年科学家
给孩子们的155个科学实验和制作方案

Popular Mechanics《大众机械》编
孙洪涛 译

中国青年出版社